Allgemeine Untersuchungen

über die

unendliche Reihe

$$1 + \frac{\alpha\beta}{1.\gamma}x + \frac{\alpha(\alpha+1)\,\beta(\beta+1)}{1\,.\,2\,.\,\gamma(\gamma+1)}xx + \frac{\alpha(\alpha+1)(\alpha+2)\,\beta(\beta+1)(\beta+2)}{1\,.\,2\,..\,3\,.\,\gamma(\gamma+1)(\gamma+2)}x^3 + \text{u. s. w.}$$

von

Carl Friedrich Gauss.

Mit Einschluss der nachgelassenen Fortsetzung
aus dem Lateinischen übersetzt

von

Dr. Heinrich Simon.

Springer-Verlag Berlin Heidelberg GmbH 1888

ISBN 978-3-662-38740-5
ISBN 978-3-662-39627-8 (eBook)
DOI 10.1007/978-3-662-39627-8

Vorwort.

Die stattlichen Gesammt-Ausgaben, die von den Werken fast aller grossen Mathematiker seit *Lagrange* veranstaltet worden sind, haben eine zwiefache Bedeutung. Sie sollen einerseits ein würdiges Denkmal jener erlauchten Geister sein, andererseits aber die Schöpfungen derselben der lernenden Nachwelt zugänglicher machen, als dies bei den Originalen der Fall ist, die teils in periodischen Schriften zerstreut, teils selten geworden sind. Nun ist nicht zu verkennen, dass der letztere Zweck nur in beschränktem Maasse erreicht werden kann. Denn Umfang und Ausstattung der Gesammt-Ausgaben bringen es mit sich, dass — im prosaischsten Sinne — die Mittel, durch die man zu diesen Quellen steigt, denen, die daselbst zu schöpfen begehren, nur selten zu Gebote stehen. Darum dürfen *Einzelausgaben*, wie die vorliegende, wohl eine freundliche Aufnahme seitens des mathematischen Publikums erhoffen. Was die gewählten *Gauss*schen Abhandlungen betrifft, so gelten auch von ihnen Herrn *Kummers* Worte[1]): „Unter allen seinen ... grösseren und kleineren Werken ist keines, welches nicht in dem betreffenden Fache einen wesentlichen Fortschritt durch neue Methoden und neue Resultate begründete; sie sind Meisterwerke, welche denjenigen Charakter der Klassicität an sich tragen, welcher dafür bürgt, dass sie für alle Zeiten, nicht bloss als Monumente der geschichtlichen Entwickelung der Wissenschaft

[1]) Festrede, gehalten am 3. Aug. 1869 in der Aula der Friedr.-Wilh.-Universität. Berlin 1869 S. 8.

erhalten, sondern auch von den künftigen Generationen der Mathematiker aller Nationen, als Grundlage jedes tiefer eingehenden Studiums und als reiche Fundgrube fruchtbarer Ideen werden benutzt und mit Fleiss studirt werden.“ In der That haben die *Disquisitiones generales circa seriem infinitam* eine ganze Literatur nach sich gezogen, in welcher Namen wie *Kummer*, *Weierstrass* und *Riemann* glänzen.

Gauss selbst hat unter dem eben angeführten Titel nur den ersten Teil seiner Untersuchungen veröffentlicht[1]); in seinem Nachlass fand sich indessen eine Fortsetzung vor, die in die *Gauss*schen *Werke* aufgenommen wurde[2]). Wie der Herausgeber, Herr *Schering*, mitteilt[3]), trägt die gesammte Abhandlung in der Handschrift den Titel „Disquisitiones generales circa functiones a serie infinita $1 + \frac{\alpha\beta}{1.\gamma} x +$ etc. pendentes auctore *Carolo Friderico Gauss* societati regiae traditae Nov. 1811.“ Bei der Veröffentlichung des ersten Teils vermehrte *Gauss* die ursprünglich vorhandenen 27 Artikel auf 37, wobei die Zahl der numerirten Gleichungen von 65 auf 79 stieg. Herr *Schering* hat demgemäss die entsprechenden Nummern im zweiten Teil so geändert, dass sie sich an die des ersten anschliessen und diese Aenderung auch bei den vorkommenden Citaten berücksichtigt.

Die vorliegende Uebersetzung weicht von dem Text der *Werke* nur darin ab, dass der zweite Teil der Arbeit als solcher bezeichnet und noch die Ueberschrift „Vierter Abschnitt“ hinzugefügt wurde, entsprechend der Andeutung des Verfassers im Schlusssatz des Art. 3. Ausserdem ist eine Reihe von Druckfehlern, meist in den Rechnungen, berichtigt worden[4]). Dem Wortlaute

[1]) Im 2. Bande der „Commentationes societatis regiae scientiarum Gottingensis recentiores.“ Gottingae 1813.

[2]) *Carl Friedrich Gauss Werke.* Herausgegeben von der Kgl. Gesellschaft der Wissenschaften zu Göttingen. Band III. 1866. 2. Aufl. 1876.

[3]) *Gauss*, *Werke* III. 230.

[4]) Eine genaue Nachweisung derselben s. in *Schlömilchs Ztschr. f. Math. u. Phys.* XXXII (1887) *Hist.-lit. Abt.* S. 99. — Mitteilungen von Druckfehlern, die sich in die vorliegende Ausgabe eingeschlichen haben sollten, wolle man freundlichst an die Verlagshandlung gelangen lassen.

nach schliesst sich die Uebersetzung dem Urbild möglichst treu an, selbst wo etwa ungebräuchlich gewordene Wendungen die Versuchung zu kleinen Abweichungen nahe legten. Es sollte dadurch auch der historische Reiz der Arbeit nach Möglichkeit gewahrt werden. Aus demselben Grunde ist in dem als Einleitung vorgedruckten *Gauss*schen Bericht über den Inhalt des ersten Teils die Orthographie des Verfassers unverändert beibehalten worden.

Die Anmerkungen des Uebersetzers sind überwiegend literarischen und historischen Inhalts; nur in wenigen Fällen erschien es angemessen, Zusätze zum Text zu geben. Da die Noten, vom Text getrennt, am Schluss des Heftes stehen, so wird hoffentlich auch solchen Lesern genügt sein, die das *Gauss*sche Werk ungestört durch fremde Zuthat geniessen wollen.

Berlin, im Oktober 1887.

H. S.

Inhalt.

Gauss' Selbstanzeige der Disquisitiones

in den

Göttingischen gelehrten Anzeigen vom 10. Februar 1812. S. 233.

Die logarithmischen und Kreisfunctionen, als die einfachsten Arten der transscendenten Functionen, sind diejenigen, womit sich die Analysten am meisten beschäftigt haben. Sie verdienten diese Ehre sowohl wegen ihres steten Eingreifens in fast alle mathematische Untersuchungen, theoretische und practische, als wegen des fast unerschöpflichen Reichthums an interessanten Wahrheiten, den ihre Theorie darbietet. Weit weniger sind bisher andere transscendente Functionen bearbeitet, die sich auf jene *nicht* zurück führen lassen, sondern als eigne höhere Gattungen betrachtet werden müssen, die nur in speciellen Fällen mit jenen zusammenhängen. Und doch sind manche solcher Functionen nicht minder fruchtbar an interessanten Relationen, und daher dem, welcher die Analyse um ihrer selbst willen ehrt, nicht minder wichtig; so wie ihr häufiges Vorkommen bey mancherley andern Untersuchungen sie dem empfehlen muss, der gern erst nach practischem Nutzen fragt. Professor *Gauss* hat sich mit Untersuchungen über dergleichen höhere transscendente Functionen schon seit vielen Jahren beschäftigt, deren weit ausgedehnte Resultate das Gesagte bestätigen. Einen, verhältnissmässig freylich nur sehr kleinen, Theil derselben, der gleichsam als Einleitung zu einer künftig zu liefernden Reihe von Abhandlungen angesehen werden kann, hat er am 30. Januar unter der Aufschrift

Disquisitiones generales circa seriem infinitam

$$1 + \frac{\alpha.\beta}{1.\gamma}x + \frac{\alpha.\alpha+1.\beta.\beta+1}{1.2.\gamma.\gamma+1}xx + \frac{\alpha.\alpha+1.\alpha+2.\beta.\beta+1.\beta+2}{1.2.3.\gamma.\gamma+1.\gamma+2}x^3 + \text{etc.}$$

Pars prior,

als eine Vorlesung der königl. Gesellschaft der Wissenschaften übergeben, woraus wir hier die Haupt-Momente des Inhalts anzeigen wollen.

Die transscendenten Functionen haben ihre wahre Quelle allemahl, offen liegend oder versteckt, im Unendlichen. Die Operationen des Integrirens, der

Summationen unendlicher Reihen, der Entwickelung unendlicher Producte ins Unendliche fortlaufender continuirlicher Brüche, oder überhaupt die Annäherung an eine Grenze durch Operationen, die nach bestimmten Gesetzen ohne Ende fortgesetzt werden — diess ist der eigentliche Boden, auf welchem die transscendenten Functionen erzeugt werden, oder wenn man lieber sich eines andern Bildes bedienen will, diess sind die eigentlichen Wege, auf welchen man dazu gelangt. Zu *einem* Ziele führen gewöhnlich mehrere solcher Wege: die Umstände und die Zwecke, welche man sich vorsetzt, müssen bestimmen, welchen man zuerst oder vorzugsweise wählen will. Die Reihe, welche den Gegenstand gegenwärtiger Abhandlung ausmacht, ist von einer sehr umfassenden Allgemeinheit. Sie stellt, je nachdem die Grössen α, β, γ (welche nebst x der Verf. durch die Benennungen erstes, zweytes, drittes, viertes *Element* unterscheidet, so wie er, Kürze halber, die ganze durch die Reihe dargestellte Function mit den Zeichen $F(\alpha, \beta, \gamma, x)$ bezeichnet), so oder anders bestimmt werden, algebraische, logarithmische, trigonometrische oder höhere transscendente Functionen dar, und man kann behaupten, dass bisher kaum irgend eine transscendente Function von den Analysten untersucht sey, die sich nicht auf diese Reihe zurück führen liesse. Eine grosse Menge von Wahrheiten, welche in Beziehung auf solche schon in Betrachtung gezogene Functionen schon aufgefunden sind, lassen sich aus der allgemeinen Natur der durch unsere Reihen dargestellten Function ableiten, und schon um desswillen würden Untersuchungen darüber die Aufmerksamkeit der Geometer verdienen, obwohl diess nur Nebensache, und die Eröffnung des Zuganges zu neuen Wahrheiten als Hauptzweck zu betrachten ist. Gegenwärtige Abhandlung enthält nur erst die Hälfte von den allgemeinen Untersuchungen des Verfassers, deren zu grosser Umfang eine Theilung notwendig machte. Hier gilt eben die Reihe selbst als Ursprung der transscendenten Functionen, welche in dem weitern Verfolg der Arbeit aus einer allgemeiner anwendbaren Quelle werden abgeleitet, und aus einem höheren Gesichtspuncte betrachtet werden. Die erstere Erzeugung macht, ihrer Natur nach, die Einschränkung auf die Fälle nothwendig, wo die Reihe convergirt, also wo das vierte Element x, positiv oder negativ, den Wert 1 nicht überschreitet: die andere Erzeugungsart wird diese Beschränkung wegräumen. Allein eben die erstere Erzeugungsart führt schon zu einer Menge merkwürdiger Wahrheiten auf einem bequemern und gleichsam mehr elementarischen Wege, und desswegen hat der Verf. damit den Anfang gemacht.

Diese erste Hälfte der Untersuchungen zerfällt in drey Abschnitte, welchen einige allgemeine Bemerkungen voraus geschickt sind. Um eine Probe von der ausgedehnten Anwendbarkeit der Reihe zu geben, sind auf dieselbe zuvörderst 23 verschiedene Reihenentwickelungen algebraischer, logarithmischer und trigonometrischer Functionen zurück geführt, so wie, als ein Beyspiel höherer transscendenter Functionen, die Coefficienten der aus der Entwickelung von $(aa + bb - 2ab\cos\varphi)^{-n}$ entspringenden, nach den

Cosinus der Vielfachen von φ fortschreitenden, Reihe, und zwar letztere auf drey verschiedene Arten.

Der *erste Abschnitt* beschäftigt sich mit den Relationen zwischen solchen Reihen von der obigen Form, in welchen die Werthe eines der drey ersten Elemente um eine Einheit verschieden, die Werthe der drey übrigen hingegen gleich sind. Dergleichen Reihen nennt der Verf. *series contiguae*, im Deutschen könnte man sie etwa *verwandte Reihen* nennen. Jeder Reihe $F(\alpha, \beta, \gamma, x)$ stehen also sechs verwandte zur Seite, nämlich $F(\alpha+1, \beta, \gamma, x)$, $F(\alpha - 1, \beta, \gamma, x)$, $F(\alpha, \beta + 1, \gamma, x)$, $F(\alpha, \beta - 1, \gamma, x)$, $F(\alpha, \beta, \gamma + 1, x)$, $F(\alpha, \beta, \gamma - 1, x)$, und es wird hier gezeigt, dass es zwischen der ersten und je zweyen der verwandten eine lineare Gleichung gibt. Funfzehn Gleichungen entspringen auf diese Weise. Es folgt hieraus das wichtige Theorem, dass, wenn $\alpha' - \alpha$, $\alpha'' - \alpha$, $\beta' - \beta$, $\beta'' - \beta$, $\gamma' - \gamma$, $\gamma'' - \gamma$ ganze Zahlen sind, auch zwischen $F(\alpha, \beta, \gamma, x)$, $F(\alpha', \beta', \gamma', x)$, $F(\alpha'', \beta'', \gamma'', x)$ eine lineare Gleichung Statt findet, und also, allgemein zu reden, aus den Werthen zweyer dieser Functionen der Werth der dritten abgeleitet werden kann. Einige der einfachsten oder sonst merkwürdigen Fälle hat der Verf. hier noch besonders zusammen gestellt.

Der *zweyte Abschnitt* gibt Verwandlungen in continuirliche Brüche, und zwar für die Quotienten

$$\frac{F(\alpha, \beta + 1, \gamma + 1, x)}{F(\alpha, \beta, \gamma, x)}, \quad \frac{F(\alpha, \beta + 1, \gamma, x)}{F(\alpha, \beta, \gamma, x)}, \quad \frac{F(\alpha - 1, \beta + 1, \gamma, x)}{F(\alpha, \beta, \gamma, x)}$$

auf welche sich noch drey andere durch die offenbar verstattete Vertauschung der beiden ersten Elemente zurück führen lassen. Von diesen Lehrsätzen sind fast alle bisher bekannte Entwickelungen in continuirliche Brüche nur specielle Fälle. Vorzüglich merkwürdig ist der Fall, wo man in der zweyten Entwickelung $\beta = 0$ setzt. Es folgt daraus ein Lehrsatz, welchen wir seiner umfassenden Anwendbarkeit wegen hier beyfügen. Die Function $F(\alpha, 1, \gamma, x)$ oder, was einerley ist, die Reihe

$$1 + \frac{\alpha}{\gamma} x + \frac{\alpha . \alpha + 1}{\gamma . \gamma + 1} xx + \frac{\alpha . \alpha + 1 . \alpha + 2}{\gamma . \gamma + 1 . \gamma + 2} x^3 + \text{etc.}$$

gibt den continuirlichen Bruch

$$\cfrac{1}{1 - \cfrac{ax}{1 - \cfrac{bx}{1 - \cfrac{cx}{1 - \cfrac{dx}{1 - \text{etc.}}}}}}$$

wo die Coefficienten a, b, c, d etc. nach folgendem Gesetze fortschreiten:

$$a = \frac{\alpha}{\gamma} \qquad b = \frac{\gamma - \alpha}{\gamma(\gamma + 1)}$$

$$c = \frac{(\alpha + 1)\gamma}{(\gamma + 1)(\gamma + 2)} \qquad d = \frac{2(\gamma + 1 - \alpha)}{(\gamma + 2)(\gamma + 3)}$$

$$e = \frac{(\alpha + 2)(\gamma + 1)}{(\gamma + 3)(\gamma + 4)} \qquad f = \frac{3(\gamma + 2 - \alpha)}{(\gamma + 4)(\gamma + 5)} \quad \text{u. s. f.}$$

Hiernach lassen sich z. B. die Potenz eines Binomium, die Reihen für $\log(1 + x)$, $\log \frac{1 + x}{1 - x}$, für Exponential-Grössen, für den Bogen durch die Tangente oder durch den Sinus u. a. in unendliche continuirliche Brüche verwandeln. Auch beruhen hierauf die in der *Theoria motus corporum coelestium* gegebenen Verwandlungen in solche Brüche, deren Beweise hier von dem Verfasser nachgehohlt werden.

Bey weitem den grössten Theil der Abhandlung nimmt der *dritte Abschnitt* ein, in welchem von dem Werthe der Reihe gehandelt wird, wenn man das vierte Element $= 1$ setzt. Nachdem zuvörderst mit geometrischer Schärfe bewiesen, dass die Reihe für $x = 1$ nur dann zu einer endlichen Summe convergire, wenn $\gamma - \alpha - \beta$ eine positive Grösse ist, führt der Verf. diese Summe, oder $F(\alpha, \beta, \gamma, 1)$ auf den Ausdruck $\frac{\Pi(\gamma - 1) . \Pi(\gamma - \alpha - \beta - 1)}{\Pi(\gamma - \alpha - 1) . \Pi(\gamma - \beta - 1)}$ zurück, wo die Characteristik Π eine eigene Art transscendenter Functionen andeutet, deren Erzeugung der Verf. auf ein unendliches Product gründet. Diese in der ganzen Analyse höchst wichtige Function ist im Grunde nichts anders als *Eulers* inexplicable Function

$$\Pi z = 1 . 2 . 3 . 4 \; \ldots\ldots \; z$$

allein *diese* Erzeugungsart oder Definition ist, nach des Verf. Urtheil, durchaus unstatthaft, da sie nur für ganze positive Werthe von z einen klaren Sinn hat. Die vom Verf. gewählte Begründungsart ist allgemein anwendbar, und gibt selbst bey imaginären Werthen von z einen eben so klaren Sinn, wie bey reellen, und man läuft dabey durchaus keine Gefahr, auf solche Paradoxen und Widersprüche zu gerathen, wie ehedem Hr. *Kramp* bey seinen numerischen Facultäten, die sich, wie man leicht zeigen kann, auf obige Function zurück führen lassen, aber zur Aufnahme in die Analyse weniger geeignet scheinen, als diese, da jene von drey Grössen abhängig sind, diese nur von Einer abhängt, und doch als eben so allgemein betrachtet werden muss. Der Verf. wünscht dieser transscendenten Function Πz in der Analyse das Bürgerrecht gegeben zu sehen, wozu vielleicht die Wahl eines eignen Nahmens für dieselbe am beförderlichsten seyn würde: das Recht dazu mag demjenigen vorbehalten bleiben, der die wichtigsten Entdeckungen in der Theorie dieser der Anstrengungen der Geometer sehr würdigen Function machen wird. Hier ist von dem Verf. bereits eine bedeutende Anzahl merkwürdiger, sie betreffender, Theoreme zusammen gestellt, wovon ein Theil als neu zu betrachten ist. Der Raum verstattet uns nicht, in das Detail derselben hier einzugehen: nur das eine heben wir davon aus, dass der Werth des Integrals $\int x^{\lambda-1}(1-x^{\mu})^{\nu}dx$ von $x=0$ bis $x=1$ leicht auf die Function Π zurück geführt werden kann, und dass alle die von *Euler* für dergleichen Integrale zum Theil mühsam gefundenen Relationen sich mit grösster Leichtigkeit aus den allgemeinen Eigenschaften jener Functionen ableiten lassen, so wie umgekehrt allemahl Πz, wenn z eine Rational-Grösse ist, sich durch einige solche bestimmte Integrale darstellen lässt.

Nicht weniger merkwürdig ist die aus der Differentiation von Πz entspringende, gleichfalls transscendente, Function, oder vielmehr

$$\frac{d\log\Pi z}{dz}=\frac{d\Pi z}{\Pi z.dz},$$

welche der Verfasser mit Ψz bezeichnet hat, und die gleichfalls eine besondere *Benennung* verdiente. Von den zahlreichen merkwürdigen Eigenschaften dieser Function, welche in der Abhandlung aufgestellt sind, führen wir hier nur die Eine an, dass allgemein $\Psi z-\Psi 0$, wenn z eine rationale Grösse ist, auf Logarithmen u. Kreis-Functionen zurück geführt werden kann; $\Psi 0$ selbst aber ist die bekannte, von *Euler* und Andern untersuchte, Zahl 0,5772156649... negativ genommen, welche der Verfasser hier, nach einer von ihm selbst geführten Rechnung, auf 23 Decimalen mittheilt, wovon die letzten von *Mascheroni's* Bestimmung etwas abweichen. Uebrigens hängen sowohl Πz, als Ψz, mit mehreren merkwürdigen Integralen für bestimmte Werthe der veränderlichen Grösse zusammen.

Diesem dritten Abschnitte ist noch eine unter der Aufsicht des Professors *Gauss* von Hrn. *Nicolai* mit grösster Sorgfalt berechnete Tafel für $\log\Pi z$ und für Ψz beygefügt, worin das Argument z durch alle einzelnen Hunderttheile von 0 bis 1 fortschreitet; aus der Theorie dieser Functionen ist klar, dass man auf diese Werthe von z alle andere leicht zurück führen kann.

Allgemeine Untersuchungen

über die

unendliche Reihe

$$1+\frac{\alpha\beta}{1.\gamma}x+\frac{\alpha(\alpha+1)\beta(\beta+1)}{1.2.\gamma(\gamma+1)}xx+\frac{\alpha(\alpha+1)(\alpha+2)\beta(\beta+1)(\beta+2)}{1.2.3.\gamma(\gamma+1)(\gamma+2)}x^3+\text{u.s.f.}$$

Erster Teil.

Einleitung.

1.

Die Reihe, die wir in dieser Abhandlung untersuchen wollen, kann als Function der vier Grössen α, β, γ, x angesehen werden, die wir die *Elemente* derselben nennen, indem wir der Reihe nach das erste Element α, das zweite β, das dritte γ und das vierte x unterscheiden. Offenbar ist es erlaubt, das erste und zweite Element mit einander zu vertauschen: wenn wir also der Kürze wegen unsere Reihe durch $F(\alpha, \beta, \gamma, x)$ bezeichnen, so haben wir $F(\beta, \alpha, \gamma, x) = F(\alpha, \beta, \gamma, x)$.

2.

Werden den Elementen α, β, γ bestimmte Werte beigelegt, so geht unsere Reihe in eine Function einer einzigen Veränderlichen x über, die offenbar nach dem $1-\alpha$ten oder $1-\beta$ten Gliede abbricht, wenn $\alpha - 1$ oder $\beta - 1$ eine negative ganze Zahl ist, in allen anderen Fällen aber sich ins Unendliche erstreckt. Im ersteren Falle stellt die Reihe eine rationale algebraische Function dar, im zweiten dagegen meist eine transscendente Function. Das dritte Element γ darf weder eine negative ganze Zahl noch $= 0$ sein, damit wir nicht zu unendlich grossen Gliedern kommen.

3.

Die Coefficienten der Potenzen x^m und x^{m+1} in unserer Reihe verhalten sich wie

$$1 + \frac{\gamma + 1}{m} + \frac{\gamma}{mm} : 1 + \frac{\alpha + \beta}{m} + \frac{\alpha\beta}{mm},$$

nähern sich also der Gleichheit um so mehr, je grösser m genommen wird. Wenn daher auch dem vierten Elemente x ein bestimmter Wert beigelegt wird, so wird von dessen Beschaffenheit die Convergenz oder Divergenz abhängen. So oft nämlich x einen reellen, positiven oder negativen, Wert, kleiner als die Einheit, erhält, wird die Reihe sicher, wenn auch nicht gleich von Anfang an, so doch nach einer gewissen Entfernung convergiren und zu einer ganz bestimmten endlichen Summe führen. Dasselbe ergiebt sich für einen imaginären Wert von x von der Form $a + b\sqrt{-1}$, sofern $aa + bb < 1$. Für einen reellen Wert von x dagegen, der grösser als die Einheit ist, oder für einen imaginären von der Form $a + b\sqrt{-1}$, wo $aa + bb > 1$, wird die Reihe, wenn nicht sogleich, doch nach einer gewissen Entfernung notwendig divergiren, so dass von ihrer *Summe* nicht die Rede sein kann. Für den Wert $x = 1$ endlich (oder allgemeiner für einen Wert von der Form $a + b\sqrt{-1}$, wo $aa + bb = 1$) wird die Convergenz oder Divergenz der Reihe von der Beschaffenheit von α, β, γ abhängen; von dieser, und insbesondere von der Summe der Reihe für $x = 1$, werden wir im dritten Abschnitt sprechen.

Da nun unsere Function als Summe einer Reihe definirt ist, so ist klar, dass sich unsere Untersuchung naturgemäss auf die Fälle beschränkt, wo die Reihe wirklich convergirt, und dass es ungereimt ist, nach dem Werte der Reihe zu fragen, wenn x einen grösseren Wert als die Einheit hat. Später jedoch, vom vierten Abschnitt an, werden wir unsere Function auf ein höheres Princip gründen, welches eine sehr allgemeine Anwendung gestattet.

4.

Die Differentiation unserer Reihe, wobei wir nur das vierte Element x als veränderlich ansehen, führt auf eine eben solche Function, denn man hat offenbar

$$\frac{dF(\alpha, \beta, \gamma, x)}{dx} = \frac{\alpha\beta}{\gamma} F(\alpha + 1, \beta + 1, \gamma + 1, x).$$

Dasselbe gilt von wiederholten Differentiationen.

5.

Es wird der Mühe wert sein, einige Functionen, die sich auf unsere Reihe zurückführen lassen, und die in der ganzen Analysis sehr häufig vorkommen, hierherzusetzen.

I. $$(t + u)^n = t^n F\left(-n, \beta, \beta, -\frac{u}{t}\right),$$

wo das Element β beliebig ist.

II. $$(t + u)^n + (t - u)^n = 2t^n F\left(-\frac{1}{2}n, -\frac{1}{2}n + \frac{1}{2}, \frac{1}{2}, \frac{uu}{tt}\right),$$

III. $$(t + u)^n + t^n = 2t^n F\left(-n, \omega, 2\omega, -\frac{u}{t}\right),$$

wo ω eine unendlich kleine Grösse bedeutet.

IV. $$(t+u)^n - (t-u)^n = 2nt^{n-1}uF\left(-\frac{1}{2}n+\frac{1}{2},\ -\frac{1}{2}n+1,\ \frac{3}{2},\ \frac{uu}{tt}\right),$$

V. $$(t+u)^n - t^n = nt^{n-1}uF\left(1-n,\ 1,\ 2,\ -\frac{u}{t}\right),$$

VI. $$\log(1+t) = tF(1,\ 1,\ 2,\ -t),$$

VII. $$\log\frac{1+t}{1-t} = 2tF\left(\frac{1}{2},\ 1,\ \frac{3}{2},\ tt\right),$$

VIII. $$e^t = F\left(1,\ k,\ 1,\ \frac{t}{k}\right) = 1 + tF\left(1,\ k,\ 2,\ \frac{t}{k}\right)$$
$$= 1 + t + \frac{1}{2}ttF\left(1,\ k,\ 3,\ \frac{t}{k}\right) \text{ u. s. w.,}$$

wo e die Basis der natürlichen Logarithmen, k eine unendlich grosse Zahl bezeichnet.

IX. $$e^t + e^{-t} = 2F\left(k,\ k',\ \frac{1}{2},\ \frac{tt}{4kk'}\right),$$

wo k und k' unendlich grosse Zahlen bedeuten.

X. $$e^t - e^{-t} = 2tF\left(k,\ k',\ \frac{3}{2},\ \frac{tt}{4kk'}\right),$$

XI. $$\sin t = tF\left(k,\ k',\ \frac{3}{2},\ -\frac{tt}{4kk'}\right),$$

XII. $$\cos t = F\left(k,\ k',\ \frac{1}{2},\ -\frac{tt}{4kk'}\right),$$

XIII.[1] $$t = \sin t . F\left(\frac{1}{2},\ \frac{1}{2},\ \frac{3}{2},\ \sin t^2\right),$$

XIV. $$t = \sin t . \cos t . F\left(1,\ 1,\ \frac{3}{2},\ \sin t^2\right),$$

XV. $$t = \operatorname{tang} t . F\left(\frac{1}{2},\ 1,\ \frac{3}{2},\ -\operatorname{tang} t^2\right),$$

XVI. $$\sin nt = n \sin t . F\left(\frac{1}{2}n+\frac{1}{2},\ -\frac{1}{2}n+\frac{1}{2},\ \frac{3}{2},\ \sin t^2\right),$$

XVII. $$\sin nt = n \sin t . \cos t . F\left(\frac{1}{2}n+1,\ -\frac{1}{2}n+1,\ \frac{3}{2},\ \sin t^2\right),$$

XVIII. $$\sin nt = n \sin t . \cos t^{n-1} F\left(-\frac{1}{2}n+1,\ -\frac{1}{2}n+\frac{1}{2},\ \frac{3}{2},\ -\operatorname{tang} t^2\right),$$

XIX. $\sin nt = n \sin t . \cos t^{-n-1} F\left(\frac{1}{2}n + 1, \frac{1}{2}n + \frac{1}{2}, \frac{3}{2}, -\operatorname{tang} t^2\right)$,

XX. $\cos nt = F\left(\frac{1}{2}n, -\frac{1}{2}n, \frac{1}{2}, \sin t^2\right)$,

XXI. $\cos nt = \cos t . F\left(\frac{1}{2}n + \frac{1}{2}, -\frac{1}{2}n + \frac{1}{2}, \frac{1}{2}, \sin t^2\right)$,

XXII. $\cos nt = \cos t^n F\left(-\frac{1}{2}n, -\frac{1}{2}n + \frac{1}{2}, \frac{1}{2}, -\operatorname{tang} t^2\right)$,

XXIII. $\cos nt = \cos t^{-n} F\left(\frac{1}{2}n + \frac{1}{2}, \frac{1}{2}n, \frac{1}{2}, -\operatorname{tang} t^2\right)$.

6.

Die vorstehenden Functionen sind algebraische, sowie von Logarithmen und Kreisbogen abhängende transscendente. Aber nicht um *ihret*willen stellen wir unsere *allgemeine* Untersuchung an, sondern vielmehr um die Theorie der höheren transscendenten Functionen zu fördern, von denen unsere Reihe ein sehr ausgedehntes Geschlecht umfasst. Dahin gehören, ausser unzähligen anderen, die Coefficienten, die aus der Entwickelung der Function $(aa + bb - 2ab \cos \varphi)^{-n}$ in eine nach den Cosinus der Winkel φ, 2φ, 3φ u. s. w. fortschreitende Reihe hervorgehen und die wir *insbesondere* bei anderer Gelegenheit ausführlicher behandeln werden. Auf die Form unserer Reihe können jene Coefficienten auf mehrere Arten zurückgeführt werden. Setzen wir nämlich

$$(aa + bb - 2ab \cos \varphi)^{-n} = \Omega = A + 2A' \cos \varphi + 2A'' \cos 2\varphi + 2A''' \cos 3\varphi + \cdots$$

so haben wir *erstens*

$$A = a^{-2n} F\left(n, n, 1, \frac{bb}{aa}\right),$$

$$A' = n a^{-2n-1} b F\left(n, n+1, 2, \frac{bb}{aa}\right),$$

$$A'' = \frac{n(n+1)}{1.2} a^{-2n-2} bb F\left(n, n+2, 3, \frac{bb}{aa}\right),$$

$$A''' = \frac{n(n+1)(n+2)}{1.2.3} a^{-2n-3} b^3 F\left(n, n+3, 4, \frac{bb}{aa}\right),$$

u. s. f.

Betrachtet man nämlich $aa + bb - 2ab \cos \varphi$ als das Product von $a - br$ und $a - br^{-1}$ (wobei r die Grösse $\cos \varphi + \sin \varphi . \sqrt{-1}$ bezeichnet), so wird Ω gleich dem Product

von a^{-2n}

$$\text{mal } 1+n\frac{br}{a}+\frac{n(n+1)}{1.2}\cdot\frac{bbrr}{aa}+\frac{n(n+1)(n+2)}{1.2.3}\cdot\frac{b^3r^3}{a^3}+\cdots$$

$$\text{mal } 1+n\frac{br^{-1}}{a}+\frac{n(n+1)}{1.2}\cdot\frac{bbr^{-2}}{aa}+\frac{n(n+1)(n+2)}{1.2.3}\cdot\frac{b^3r^{-3}}{a^3}+\cdots,$$

und da dies Product identisch sein muss mit

$$A+A'(r+r^{-1})+A''(rr+r^{-2})+A'''(r^3+r^{-3})+\cdots,$$

so ergeben sich die obigen Werte ohne Weiteres.

Ferner haben wir *zweitens*

$$A\ =(aa+bb)^{-n}F\left(\frac{1}{2}n,\ \frac{1}{2}n+\frac{1}{2},\ 1,\ \frac{4aabb}{(aa+bb)^2}\right),$$

$$A'\ =n(aa+bb)^{-n-1}ab\,F\left(\frac{1}{2}n+\frac{1}{2},\ \frac{1}{2}n+1,\ 2,\ \frac{4aabb}{(aa+bb)^2}\right),$$

$$A''=\frac{n(n+1)}{1.2}(aa+bb)^{-n-2}aabb\,F\left(\frac{1}{2}n+1,\ \frac{1}{2}n+\frac{3}{2},\ 3,\ \frac{4aabb}{(aa+bb)^2}\right),$$

$$A'''=\frac{n(n+1)(n+2)}{1.2.3}(aa+bb)^{-n-3}a^3b^3F\left(\frac{1}{2}n+\frac{3}{2},\ \frac{1}{2}n+2,\ 4,\ \frac{4aabb}{(aa+bb)^2}\right),$$

u. s. f.,

welche Werte leicht aus

$$\Omega(aa+bb)^n=1+n(r+r^{-1})\frac{ab}{aa+bb}+\frac{n(n+1)}{1.2}(r+r^{-1})^2\frac{aabb}{(aa+bb)^2}+\cdots$$

folgen.

Drittens wird

$$A\ =(a+b)^{-2n}F\left(n,\ \frac{1}{2},\ 1,\ \frac{4ab}{(a+b)^2}\right),$$

$$A'\ =n(a+b)^{-2n-2}ab\,F\left(n+1,\ \frac{3}{2},\ 3,\ \frac{4ab}{(a+b)^2}\right),$$

$$A''=\frac{n(n+1)}{1.2}(a+b)^{-2n-4}aabb\,F\left(n+2,\ \frac{5}{2},\ 5,\ \frac{4ab}{(a+b)^2}\right),$$

$$A'''=\frac{n(n+1)(n+2)}{1.2.3}(a+b)^{-2n-6}a^3b^3F\left(n+3,\ \frac{7}{2},\ 7,\ \frac{4ab}{(a+b)^2}\right),$$

u. s. f.

Endlich ist *viertens*

$$A\ =(a-b)^{-2n}F\left(n,\frac{1}{2},1,-\frac{4ab}{(a-b)^2}\right),$$

$$A'\ =n\,(a-b)^{-2n-2}ab\,F\left(n+1,\frac{3}{2},3,-\frac{4ab}{(a-b)^2}\right),$$

$$A''=\frac{n(n+1)}{1.2}(a-b)^{-2n-4}aabb\,F\left(n+2,\frac{5}{2},5,-\frac{4ab}{(a-b)^2}\right),$$

$$A'''=\frac{n(n+1)(n+2)}{1.2.3}(a-b)^{2n-6}a^3b^3F\left(n+3,\frac{7}{2},7,-\frac{4ab}{(a-b)^2}\right),$$

u. s. f.

Jene und diese Werte ergeben sich leicht aus

$$\Omega\,(a+b)^{2n}=\left(1-\frac{4ab\cos\frac{1}{2}\varphi^2}{(a+b)^2}\right)^{-n}$$

$$=1+n\frac{ab}{(a+b)^2}(r^{\frac{1}{2}}+r^{-\frac{1}{2}})^2+\frac{n(n+1)}{1.2}\cdot\frac{aabb}{(a+b)^4}(r^{\frac{1}{2}}+r^{-\frac{1}{2}})^4+\cdots$$

$$\Omega\,(a-b)^{2n}=\left(1+\frac{4ab\sin\frac{1}{2}\varphi^2}{(a-b)^2}\right)^{-n}$$

$$=1+n\frac{ab}{(a-b)^2}(r^{\frac{1}{2}}-r^{-\frac{1}{2}})^2+\frac{n(n+1)}{1.2}\cdot\frac{aabb}{(a-b)^4}(r^{\frac{1}{2}}-r^{-\frac{1}{2}})^4+\cdots$$

Erster Abschnitt.

Beziehungen zwischen benachbarten[2]) Functionen.

7.

Wir nennen eine Function zu $F(\alpha, \beta, \gamma, x)$ *benachbart*, wenn sie aus dieser dadurch hervorgeht, dass das erste, zweite oder dritte Element um eine Einheit vermehrt oder vermindert wird, während die drei übrigen Elemente ungeändert bleiben. Die ursprüngliche Function $F(\alpha, \beta, \gamma, x)$ liefert also sechs benachbarte. Zwischen je zweien derselben und der ursprünglichen Function besteht eine sehr einfache lineare Gleichung. Diese Gleichungen, fünfzehn an der Zahl, stellen wir hier zur Übersicht zusammen, wobei wir der Kürze wegen das vierte Element, das stets $=x$ zu denken ist, fortlassen und die ursprüngliche Function einfach mit F bezeichnen.

$$[1]\quad 0=(\gamma-2\alpha-(\beta-\alpha)x)F+\alpha(1-x)F(\alpha+1,\beta,\gamma)-(\gamma-\alpha)F(\alpha-1,\beta,\gamma),$$

$$[2]\quad 0=(\beta-\alpha)F+\alpha F(\alpha+1,\beta,\gamma)-\beta F(\alpha,\beta+1,\gamma),$$

$$[3]\quad 0=(\gamma-\alpha-\beta)F+\alpha(1-x)F(\alpha+1,\beta,\gamma)-(\gamma-\beta)F(\alpha,\beta-1,\gamma),$$

$$[4]\quad 0=\gamma(\alpha-(\gamma-\beta)x)F-\alpha\gamma(1-x)F(\alpha+1,\beta,\gamma)\\ +(\gamma-\alpha)(\gamma-\beta)xF(\alpha,\beta,\gamma+1),$$

$$[5]\quad 0=(\gamma-\alpha-1)F+\alpha F(\alpha+1,\beta,\gamma)-(\gamma-1)F(\alpha,\beta,\gamma-1),$$

$$[6]\quad 0=(\gamma-\alpha-\beta)F-(\gamma-\alpha)F(\alpha-1,\beta,\gamma)+\beta(1-x)F(\alpha,\beta+1,\gamma),$$

$$[7]\quad 0=(\beta-\alpha)(1-x)F-(\gamma-\alpha)F(\alpha-1,\beta,\gamma)+(\gamma-\beta)F(\alpha,\beta-1,\gamma),$$

$$[8]\quad 0=\gamma(1-x)F-\gamma F(\alpha-1,\beta,\gamma)+(\gamma-\beta)xF(\alpha,\beta,\gamma+1),$$

$$[9]\quad 0=(\alpha-1-(\gamma-\beta-1)x)F+(\gamma-\alpha)F(\alpha-1,\beta,\gamma)\\ -(\gamma-1)(1-x)F(\alpha,\beta,\gamma-1),$$

$$[10]\quad 0=(\gamma-2\beta+(\beta-\alpha)x)F+\beta(1-x)F(\alpha,\beta+1,\gamma)-(\gamma-\beta)F(\alpha,\beta-1,\gamma),$$

$$[11]\quad 0=\gamma(\beta-(\gamma-\alpha)x)F-\beta\gamma(1-x)F(\alpha,\beta+1,\gamma)\\ +(\gamma-\alpha)(\gamma-\beta)xF(\alpha,\beta,\gamma+1),$$

[12] $0 = (\gamma - \beta - 1)F + \beta F(\alpha, \beta + 1, \gamma) - (\gamma - 1)F(\alpha, \beta, \gamma - 1)$,

[13] $0 = \gamma(1 - x)F - \gamma F(\alpha, \beta - 1, \gamma) + (\gamma - \alpha)xF(\alpha, \beta, \gamma + 1)$,

[14] $0 = (\beta - 1 - (\gamma - \alpha - 1)x)F + (\gamma - \beta)F(\alpha, \beta - 1, \gamma)$
$- (\gamma - 1)(1 - x)F(\alpha, \beta, \gamma - 1)$,

[15] $0 = \gamma(\gamma - 1 - (2\gamma - \alpha - \beta - 1)x)F + (\gamma - \alpha)(\gamma - \beta)xF(\alpha, \beta, \gamma + 1)$
$- \gamma(\gamma - 1)(1 - x)F(\alpha, \beta, \gamma - 1)$.

8.

Diese Formeln sind folgendermassen zu beweisen. Setzen wir

$$\frac{(\alpha + 1)(\alpha + 2)\ldots(\alpha + m - 1)\beta(\beta + 1)\ldots(\beta + m - 2)}{1.2.3\ldots m.\gamma(\gamma + 1)\ldots(\gamma + m - 1)} = M,$$

so wird der Coefficient von x^m

in F . . . . $\alpha(\beta + m - 1)M$,
in $F(\alpha, \beta - 1, \gamma)$ . . . $\alpha(\beta - 1)M$,
in $F(\alpha + 1, \beta, \gamma)$ . . . $(\alpha + m)(\beta + m - 1)M$,
in $F(\alpha, \beta, \gamma - 1)$ . . . $\dfrac{\alpha(\beta + m - 1)(\gamma + m - 1)M}{\gamma - 1}$,

dagegen der Coefficient von x^{m-1} in $F(\alpha + 1, \beta, \gamma)$ oder der Coefficient von x^m in $xF(\alpha + 1, \beta, \gamma)$

$$= m(\gamma + m - 1)M.$$

Hieraus erhellt sofort die Richtigkeit der Formeln 5 und 3; durch Vertauschung von α und β geht aus 5 Formel 12 hervor, dann aus diesen beiden durch Elimination 2. Weiter entsteht aus 3 durch dieselbe Vertauschung 6; aus der Verbindung von 6 und 12 entsteht 9, hieraus durch Vertauschung 14, und aus der Verbindung beider 7; aus 2 und 6 folgt endlich 1, und hieraus durch Vertauschung 10. Formel 8 kann ebenso, wie oben die Formeln 5 und 3, aus der Betrachtung der Coefficienten hergeleitet werden (auf dieselbe Art könnten, wenn man wollte, *alle* 15 Formeln gefunden werden), eleganter aber aus den schon bekannten auf folgende Weise. Verwandeln wir in Formel 5 das Element α in $\alpha - 1$ und γ in $\gamma + 1$, so kommt

$$0 = (\gamma - \alpha + 1)F(\alpha - 1, \beta, \gamma + 1) + (\alpha - 1)F(\alpha, \beta, \gamma + 1) - \gamma F(\alpha - 1, \beta, \gamma).$$

Verwandeln wir aber in Formel 9 nur γ in $\gamma + 1$, so wird

$$0 = (\alpha - 1 - (\gamma - \beta)x)F(\alpha, \beta, \gamma + 1) + (\gamma - \alpha + 1)F(\alpha - 1, \beta, \gamma + 1)$$
$$- \gamma(1 - x)F(\alpha, \beta, \gamma)$$

Die Subtraction dieser beiden Formeln liefert sofort 8, und diese durch Vertauschung 13. Aus 1 und 8 geht 4 hervor, und hieraus durch Vertauschung 11. Aus 8 und 9 folgt endlich 15.

9.

Sind $\alpha'-\alpha$, $\beta'-\beta$, $\gamma'-\gamma$, sowie $\alpha''-\alpha$, $\beta''-\beta$, $\gamma''-\gamma$ (positive oder negative) ganze Zahlen, so kann man von der Function $F(\alpha, \beta, \gamma)$ zur Function $F(\alpha', \beta', \gamma')$ und ebenso von dieser zur Function $F(\alpha'', \beta'', \gamma'')$ durch eine Reihe ähnlicher Functionen so übergehen, dass jede der vorhergehenden und der folgenden benachbart ist, indem man nämlich zuerst ein Element, etwa α, beständig um eine Einheit ändert, bis man von $F(\alpha, \beta, \gamma)$ zu $F(\alpha', \beta, \gamma)$ gelangt ist, sodann das zweite Element ändert, bis man zu $F(\alpha', \beta', \gamma)$ gelangt, und endlich das dritte Element ändert, bis man zu $F(\alpha', \beta', \gamma')$ gelangt, und ebenso von dieser zu $F(\alpha'', \beta'', \gamma'')$. Da nun nach Art. 7 zwischen der ersten, zweiten und dritten, und allgemein zwischen je drei aufeinanderfolgenden Functionen dieser Reihe lineare Gleichungen bestehen, so ist leicht ersichtlich, dass daraus durch Elimination eine lineare Gleichung zwischen den Functionen $F(\alpha, \beta, \gamma)$, $F(\alpha', \beta', \gamma')$ und $F(\alpha'', \beta'', \gamma'')$ abgeleitet werden kann, so dass, allgemein gesprochen, aus zwei Functionen, deren drei erste Elemente sich um ganze Zahlen unterscheiden, jede beliebige andere ebenso beschaffene Function abgeleitet werden kann, wenn nur das vierte Element dasselbe bleibt. Uebrigens begnügen wir uns hier, diese merkwürdige Wahrheit im allgemeinen festgestellt zu haben, ohne auf die Vereinfachungen einzugehen, durch welche die zu diesem Zwecke nötigen Rechnungen möglichst kurz werden.

10.

Seien z. B. gegeben die Functionen

$$F(\alpha, \beta, \gamma),\ F(\alpha+1,\ \beta+1,\ \gamma+1),\ F(\alpha+2,\ \beta+2,\ \gamma+2)$$

und eine lineare Gleichung zwischen denselben sei gesucht. Wir verknüpfen sie folgendermassen durch benachbarte Functionen

$$F(\alpha, \beta, \gamma) = F$$
$$F(\alpha+1, \beta, \gamma) = F'$$
$$F(\alpha+1, \beta+1, \gamma) = F''$$
$$F(\alpha+1, \beta+1, \gamma+1) = F'''$$
$$F(\alpha+2, \beta+1, \gamma+1) = F^{\mathrm{IV}}$$
$$F(\alpha+2, \beta+2, \gamma+1) = F^{\mathrm{V}}$$
$$F(\alpha+2, \beta+2, \gamma+2) = F^{\mathrm{VI}}$$

Wir haben also die fünf linearen Gleichungen (aus den Formeln 6, 13, 5 des Art. 7):

$$\text{I.}\quad 0 = (\gamma - \alpha - 1)F - (\gamma - \alpha - 1 - \beta)F' - \beta(1 - x)F''$$

$$\text{II.}\quad 0 = \gamma F' - \gamma(1 - x)F'' - (\gamma - \alpha - 1)xF'''$$

$$\text{III.}\quad 0 = \gamma F'' - (\gamma - \alpha - 1)F''' - (\alpha + 1)F^{\mathrm{IV}}$$

$$\text{IV.}\quad 0 = (\gamma - \alpha - 1)F''' - (\gamma - \alpha - 2 - \beta)F^{\mathrm{IV}} - (\beta + 1)(1 - x)F^{\mathrm{V}}$$

$$\text{V.}\quad 0 = (\gamma + 1)F^{\mathrm{IV}} - (\gamma + 1)(1 - x)F^{\mathrm{V}} - (\gamma - \alpha - 1)xF^{\mathrm{VI}}$$

Aus I. und II. ergiebt sich durch Elimination von F'

$$\text{VI.}\quad 0 = \gamma F - \gamma(1 - x)F'' - (\gamma - \alpha - \beta - 1)xF'''$$

Hieraus und aus III. durch Elimination von F''

$$\text{VII.}\quad 0 = \gamma F - (\gamma - \alpha - 1 - \beta x)F''' - (\alpha + 1)(1 - x)F^{\mathrm{IV}}$$

Dann aus IV. und V. durch Elimination von F^{V}

$$\text{VIII.}\quad 0 = (\gamma + 1)F''' - (\gamma + 1)F^{\mathrm{IV}} + (\beta + 1)xF^{\mathrm{VI}}$$

Hieraus und aus VII. durch Elimination von F^{IV}

$$\text{IX.}\quad 0 = \gamma(\gamma + 1)F - (\gamma + 1)(\gamma - (\alpha + \beta + 1)x)F''' - (\alpha + 1)(\beta + 1)x(1 - x)F^{\mathrm{VI}}$$

11.

Wollten wir sämmtliche Beziehungen zwischen je drei Functionen $F(\alpha, \beta, \gamma)$, $F(\alpha + \lambda, \beta + \mu, \gamma + \nu)$ und $F(\alpha + \lambda', \beta + \mu', \gamma + \nu')$, wobei λ, μ, ν, λ', μ', ν' entweder $= 0$, oder $= +1$, oder $= -1$ sind, erschöpfen, so würde die Menge der Formeln bis auf 325 steigen. Eine solche Sammlung, wenigstens der einfacheren dieser Formeln, wäre keineswegs unnütz: an dieser Stelle mag es aber genügen, nur einige beizufügen, die jeder ohne Mühe wird beweisen können, sei es nach den Formeln des Art. 7, sei es, wenn man lieber will, auf dieselbe Weise, wie die beiden ersten von diesen im Art. 8 ermittelt sind.

$$[16]\quad F(\alpha, \beta, \gamma) - F(\alpha, \beta, \gamma - 1) = -\frac{\alpha\beta x}{\gamma(\gamma - 1)}F(\alpha + 1, \beta + 1, \gamma + 1)$$

$$[17]\quad F(\alpha, \beta + 1, \gamma) - F(\alpha, \beta, \gamma) = \frac{\alpha x}{\gamma}F(\alpha + 1, \beta + 1, \gamma + 1)$$

$$[18]\quad F(\alpha + 1, \beta, \gamma) - F(\alpha, \beta, \gamma) = \frac{\beta x}{\gamma}F(\alpha + 1, \beta + 1, \gamma + 1)$$

[19] $$F(\alpha, \beta+1, \gamma+1) - F(\alpha, \beta, \gamma) = \frac{\alpha(\gamma-\beta)x}{\gamma(\gamma+1)} F(\alpha+1, \beta+1, \gamma+2)$$

[20] $$F(\alpha+1, \beta, \gamma+1) - F(\alpha, \beta, \gamma) = \frac{\beta(\gamma-\alpha)x}{\gamma(\gamma+1)} F(\alpha+1, \beta+1, \gamma+2)$$

[21] $$F(\alpha-1, \beta+1, \gamma) - F(\alpha, \beta, \gamma) = \frac{(\alpha-\beta-1)x}{\gamma} F(\alpha, \beta+1, \gamma+1)$$

[22] $$F(\alpha+1, \beta-1, \gamma) - F(\alpha, \beta, \gamma) = \frac{(\beta-\alpha-1)x}{\gamma} F(\alpha+1, \beta, \gamma+1)$$

[23] $$F(\alpha, \beta+1, \gamma) - F(\alpha+1, \beta, \gamma) = \frac{(\alpha-\beta)x}{\gamma} F(\alpha+1, \beta+1, \gamma+1)$$

Zweiter Abschnitt.

Kettenbrüche.

12.

Bezeichnen wir

$$\frac{F(\alpha, \beta+1, \gamma+1, x)}{F(\alpha, \beta, \gamma, x)} \quad \text{mit} \quad G(\alpha, \beta, \gamma, x)$$

so ist

$$\frac{F(\alpha+1, \beta, \gamma+1, x)}{F(\alpha, \beta, \gamma, x)} = \frac{F(\beta, \alpha+1, \gamma+1, x)}{F(\beta, \alpha, \gamma, x)} = G(\beta, \alpha, \gamma, x)$$

und daher, wenn wir Gleichung 19 durch $F(\alpha, \beta+1, \gamma+1, x)$ dividiren,

$$1 - \frac{1}{G(\alpha, \beta, \gamma, x)} = \frac{\alpha(\gamma-\beta)}{\gamma(\gamma+1)} x\, G(\beta+1, \alpha, \gamma+1, x)$$

oder

[24] $$G(\alpha, \beta, \gamma, x) = \cfrac{1}{1 - \cfrac{\alpha(\gamma-\beta)}{\gamma(\gamma+1)} x\, G(\beta+1, \alpha, \gamma+1, x)}$$

und da ebenso

$$G(\beta+1, \alpha, \gamma+1, x) = \cfrac{1}{1 - \cfrac{(\beta+1)(\gamma+1-\alpha)}{(\gamma+1)(\gamma+2)} x\, G(\alpha+1, \beta+1, \gamma+2, x)}$$

ist, u. s. f., so ergiebt sich für $G(\alpha, \beta, \gamma, x)$ der Kettenbruch

[25] $$\frac{F(\alpha, \beta+1, \gamma+1, x)}{F(\alpha, \beta, \gamma, x)} = \cfrac{1}{1 - \cfrac{ax}{1 - \cfrac{bx}{1 - \cfrac{cx}{1 - \cfrac{dx}{1 - \cdots}}}}}$$

wo

$$a=\frac{\alpha(\gamma-\beta)}{\gamma(\gamma+1)} \qquad b=\frac{(\beta+1)(\gamma+1-\alpha)}{(\gamma+1)(\gamma+2)}$$

$$c=\frac{(\alpha+1)(\gamma+1-\beta)}{(\gamma+2)(\gamma+3)} \qquad d=\frac{(\beta+2)(\gamma+2-\alpha)}{(\gamma+3)(\gamma+4)}$$

$$e=\frac{(\alpha+2)(\gamma+2-\beta)}{(\gamma+4)(\gamma+5)} \qquad f=\frac{(\beta+3)(\gamma+3-\alpha)}{(\gamma+5)(\gamma+6)}$$

u. s. f. ist, und das Fortschreitungsgesetz auf der Hand liegt.

Weiter folgt aus den Gleichungen 17, 18, 21 und 22

$$[26] \quad \frac{F(\alpha, \beta+1, \gamma, x)}{F(\alpha, \beta, \gamma, x)}=\frac{1}{1-\frac{\alpha x}{\gamma} G(\beta+1, \alpha, \gamma, x)}$$

$$[27] \quad \frac{F(\alpha+1, \beta, \gamma, x)}{F(\alpha, \beta, \gamma, x)}=\frac{1}{1-\frac{\beta x}{\gamma} G(\alpha+1, \beta, \gamma, x)}$$

$$[28] \quad \frac{F(\alpha-1, \beta+1, \gamma, x)}{F(\alpha, \beta, \gamma, x)}=\frac{1}{1-\frac{(\alpha-\beta-1)x}{\gamma} G(\beta+1, \alpha-1, \gamma, x)}$$

$$[29] \quad \frac{F(\alpha+1, \beta-1, \gamma, x)}{F(\alpha, \beta, \gamma, x)}=\frac{1}{1-\frac{(\beta-\alpha-1)x}{\gamma} G(\alpha+1, \beta-1, \gamma, x)}$$

woraus, wenn für die Function G ihre Kettenbruch-Werte gesetzt werden, ebensoviele neue Kettenbrüche hervorgehen.

Uebrigens ist ohne Weiteres klar, dass der Kettenbruch in Formel 25 abbricht, wenn eine der Zahlen α, β, $\gamma-\alpha$, $\gamma-\beta$ negativ und ganzzahlig ist, sonst aber sich ins Unendliche erstreckt.[3])

13.

Die im vorigen Artikel gefundenen Kettenbrüche sind von sehr grosser Wichtigkeit, auch kann man behaupten, dass bis jetzt kaum irgendwelche nach deutlichem Gesetze fortschreitende Kettenbrüche von den Analytikern aufgefunden seien, die nicht als besondere Fälle in den unsrigen enthalten wären. Besonders merkwürdig ist der Fall, wo in Formel 25 $\beta=0$ gesetzt wird, so dass $F(\alpha, \beta, \gamma, x)=1$, und daher, wenn wir $\gamma-1$ statt γ schreiben,

[30] $$F(\alpha,\ 1,\ \gamma) = 1 + \frac{\alpha}{\gamma}x + \frac{\alpha(\alpha+1)}{\gamma(\gamma+1)}xx + \frac{\alpha(\alpha+1)(\alpha+2)}{\gamma(\gamma+1)(\gamma+2)}x^3 + \cdots$$
$$= \cfrac{1}{1-\cfrac{ax}{1-\cfrac{bx}{1-\cfrac{cx}{1-\cfrac{dx}{1-\cdots}}}}}$$

wobei

$$a = \frac{\alpha}{\gamma} \qquad b = \frac{\gamma-\alpha}{\gamma(\gamma+1)}$$
$$c = \frac{(\alpha+1)\gamma}{(\gamma+1)(\gamma+2)} \qquad d = \frac{2(\gamma+1-\alpha)}{(\gamma+2)(\gamma+3)}$$
$$e = \frac{(\alpha+2)(\gamma+1)}{(\gamma+3)(\gamma+4)} \qquad f = \frac{3(\gamma+2-\alpha)}{(\gamma+4)(\gamma+5)}$$

u. s. f.

14.

Es wird der Mühe wert sein, einige besondere Fälle hier beizufügen. Aus Formel I Art. 5 folgt, für $t = 1$, $\beta = 1$,

[31] $$(1+u)^n = \cfrac{1}{1-\cfrac{nu}{1+\cfrac{\frac{n+1}{2}u}{1-\cfrac{\frac{n-1}{2.3}u}{1+\cfrac{\frac{2(n+2)}{3.4}u}{1-\frac{2(n-2)}{4.5}u \text{ u. s. f.}}}}}}$$

Aus den Formeln VI u. VII Art. 5 folgt

[32] $$\log(1+t) = \cfrac{t}{1+\cfrac{\frac{1}{2}t}{1+\cfrac{\frac{1}{6}t}{1+\cfrac{\frac{2}{6}t}{1+\cfrac{\frac{2}{10}t}{1+\cfrac{\frac{3}{10}t}{1+\frac{3}{14}t \text{ u. s. f.}}}}}}}$$

$$[33]\qquad \log\frac{1+t}{1-t}=\cfrac{2t}{1-\cfrac{\frac{1}{3}tt}{1-\cfrac{\frac{2.2}{3.5}tt}{1-\cfrac{\frac{3.3}{5.7}tt}{1-\frac{4.4}{7.9}tt\text{ u. s. f.}}}}}$$

Werden hier die — Zeichen in + verwandelt, so ergiebt sich der Kettenbruch für arc. tang. t.

Weiter haben wir

$$[34]\qquad e^t=\cfrac{1}{1-\cfrac{t}{1+\cfrac{\frac{1}{3}t}{1-\cfrac{\frac{1}{6}t}{1+\cfrac{\frac{1}{6}t}{1-\cfrac{\frac{1}{10}t}{1+\frac{1}{10}t\text{ u. s. f.}}}}}}}$$

$$[35]\qquad t=\cfrac{\sin t\cos t}{1-\cfrac{\frac{1.2}{1.3}\sin t^2}{1-\cfrac{\frac{1.2}{3.5}\sin t^2}{1-\cfrac{\frac{3.4}{5.7}\sin t^2}{1-\cfrac{\frac{3.4}{7.9}\sin t^2}{1-\frac{5.6}{9.11}\sin t^2\text{ u. s. f.}}}}}}$$

Setzen wir $\alpha=3$, $\gamma=\frac{5}{2}$, so folgt aus Formel 30 ohne Weiteres der in der *Theorie der Bewegung der Himmelskörper* Art. 90 gegebene Kettenbruch.[4]) Ebenda sind zwei andere Kettenbrüche mitgeteilt, deren Entwickelung bei dieser Gelegenheit nachgeholt werden soll.

Sei

$$Q=1-\cfrac{\frac{5.8}{7.9}x}{1-\cfrac{\frac{1.4}{9.11}x}{1-\frac{7.10}{11.13}x \text{ u. s. f.}}}$$

so wird a. a. O.

$$x-\xi=\frac{x}{1+\frac{2x}{35Q}}=\frac{xQ}{Q+\frac{2}{35}x}, \text{ also}$$

$$\xi=\frac{\frac{2}{35}xx}{Q+\frac{2}{35}x}$$

und das ist die erste Formel; die zweite ergiebt sich folgendermassen. Sei

$$R=1-\cfrac{\frac{1.4}{7.9}x}{1-\cfrac{\frac{5.8}{9.11}x}{1-\cfrac{\frac{3.6}{11.13}x}{1-\frac{7.10}{13.15}x \text{ u. s. f.}}}}$$

so wird nach Formel 25

$$\frac{1}{R}=G\left(\frac{1}{2}, \frac{3}{2}, \frac{7}{2}, x\right), \text{ und } \frac{1}{Q}=G\left(\frac{5}{2}, -\frac{1}{2}, \frac{7}{2}, x\right)$$

Daher ist

$$RF\left(\frac{1}{2}, \frac{5}{2}, \frac{9}{2}, x\right)=F\left(\frac{1}{2}, \frac{3}{2}, \frac{7}{2}, x\right)$$

$$QF\left(\frac{5}{2}, \frac{1}{2}, \frac{9}{2}, x\right)=F\left(\frac{5}{2}, -\frac{1}{2}, \frac{7}{2}, x\right)$$

oder, wenn das erste und zweite Element mit einander vertauscht werden,

$$QF\left(\frac{1}{2}, \frac{5}{2}, \frac{9}{2}, x\right)=F\left(-\frac{1}{2}, \frac{5}{2}, \frac{7}{2}, x\right)$$

Nach Gleichung 21 haben wir aber

$$F\left(-\frac{1}{2}, \frac{5}{2}, \frac{7}{2}, x\right) - F\left(\frac{1}{2}, \frac{3}{2}, \frac{7}{2}, x\right) = -\frac{4}{7} x F\left(\frac{1}{2}, \frac{5}{2}, \frac{9}{2}, x\right)$$

woraus $Q = R - \frac{4}{7}x$, und dieser Wert liefert, in die obige Formel eingesetzt,

$$\xi = \frac{\frac{2}{35}xx}{R - \frac{18}{35}x}$$

d. i. die zweite Formel.

Setzen wir in Formel 30, $\alpha = \frac{m}{n}$, $x = -\gamma n t$, so wird für einen unendlich grossen Wert von γ

$$[36] \quad F\left(\frac{m}{n}, 1, \gamma, -\gamma n t\right) = 1 - mt + m(m+n)tt - m(m+n)(m+2n)t^3 + \cdots$$

$$= \cfrac{1}{1 + \cfrac{mt}{1 + \cfrac{nt}{1 + \cfrac{(m+n)t}{1 + \cfrac{2nt}{1 + \cfrac{(m+2n)t}{1 + 3nt \text{ u. s. f.}}}}}}}$$

Dritter Abschnitt.

Von der Summe der Reihe, wenn man das vierte Element $= 1$ setzt, wobei zugleich einige andere transscendente Functionen abgehandelt werden.

15.

Wenn die Elemente α, β, γ sämmtlich positive Grössen sind, so werden alle Coefficienten der Potenzen des vierten Elementes x positiv; ist aber das eine oder andere von jenen Elementen negativ, so werden, wenigstens von einer gewissen Potenz x^m an, alle Coefficienten mit demselben Vorzeichen behaftet sein, wenn nur m grösser als der absolute Wert des grössten negativen Elements angenommen wird. Ferner ist von selbst klar, dass die Summe der Reihe für $x = 1$ nicht endlich sein kann, wenn nicht die Coefficienten wenigstens von einem gewissen Gliede an unbegrenzt abnehmen, oder, um analytisch zu reden, wenn nicht der Coefficient des Gliedes x^∞ gleich 0 ist. Wir werden nun zeigen, und zwar denjenigen zu Gefallen, die die strengen Methoden der alten Geometer lieben, in aller Strenge,

erstens, dass die Coefficienten (wenn die Reihe nicht etwa abbricht), unbegrenzt wachsen, falls $\alpha + \beta - \gamma - 1$ positiv ist;

zweitens, dass die Coefficienten sich einer endlichen Grenze beständig nähern, falls $\alpha + \beta - \gamma - 1 = 0$;

drittens, dass die Coefficienten unbegrenzt abnehmen, falls $\alpha + \beta - \gamma - 1$ negativ ist;

viertens, dass die Summe unserer Reihe für $x = 1$, trotz der Abnahme im dritten Falle, unendlich ist, falls $\alpha + \beta - \gamma$ positiv oder $= 0$ ist;

fünftens, dass dagegen die Summe *endlich* ist, falls $\alpha + \beta - \gamma$ negativ ist.[5])

16.

Wir wollen die folgende Untersuchung allgemeiner an der unendlichen Reihe $M, M', M'', M''' \ldots$ führen, die so gebildet ist, dass die Quotienten $\frac{M'}{M}, \frac{M''}{M'}, \frac{M'''}{M''} \cdots$ bezw. die Werte des Bruches

$$\frac{t^\lambda + At^{\lambda-1} + Bt^{\lambda-2} + Ct^{\lambda-3} + \cdots}{t^\lambda + at^{\lambda-1} + bt^{\lambda-2} + ct^{\lambda-3} + \cdots}$$

für $t = m$, $t = m + 1$, $t = m + 2$ u. s. f. sind. Der Kürze wegen wollen wir den Zähler dieses Bruches mit P, den Nenner mit p bezeichnen und ausserdem voraussetzen, dass P und p nicht identisch sind, oder dass die Differenzen $A - a$, $B - b$, $C - c$, ... nicht sämmtlich zugleich verschwinden.

I. Wenn von den Differenzen $A - a$, $B - b$, $C - c$, ... die erste nicht verschwindende positiv ist, so kann man eine Grenze l so angeben, dass, sobald der Wert von t dieselbe übersteigt, die Werte von P und p sicher stets positiv ausfallen und $P > p$ ist. Offenbar wird dies der Fall sein, wenn für l die grösste reelle Wurzel der Gleichung $p(P - p) = 0$ gewählt wird; hat aber diese Gleichung gar keine reellen Wurzeln, so wird jene Eigenschaft für alle Werte von t statthaben. Daher werden in der Reihe $\frac{M'}{M}, \frac{M''}{M'}, \frac{M'''}{M''}, \cdots$ wenigstens nach einer gewissen Entfernung (wenn nicht von Anfang an) alle Glieder positiv und grösser als eins sein; wenn also keins derselben $= 0$ oder unendlich gross wird, so ist klar,

dass alle Glieder der Reihe M, M', M'', M''', ..., wenn nicht von Anfang an, so doch nach einer gewissen Entfernung, dasselbe Vorzeichen haben und beständig wachsen.

Aus demselben Grunde werden, wenn von den Differenzen $A - a$, $B - b$, $C - c$ u. s. f. die erste nicht verschwindende negativ ist, alle Glieder der Reihe M, M', M'', M''', ..., wenn nicht von Anfang an, so doch nach einer gewissen Entfernung, dasselbe Zeichen haben und beständig abnehmen.

II. Sind schon die Coefficienten A und a verschieden, so werden die Glieder der Reihe M, M'. M'', M''', ... über jede Grenze hinaus oder ins Unendliche entweder wachsen oder abnehmen, je nachdem die Differenz $A - a$ positiv oder negativ ist: dies beweisen wir, wie folgt. Wenn $A - a$ positiv ist, werde eine ganze Zahl h so angenommen, dass $h(A - a) > 1$, und gesetzt $\frac{M^h}{m} = N$, $\frac{M'^h}{m+1} = N'$, $\frac{M''^h}{m+2} = N''$, $\frac{M'''^h}{m+3} = N'''$ u. s. f., sowie $tP^h = Q$, $(t+1)p^h = q$. Dann ist klar, dass $\frac{N'}{N}, \frac{N''}{N'}, \frac{N'''}{N''}, \cdots$ die Werte des Bruches $\frac{Q}{q}$ für $t = m$, $t = m + 1$, $t = m + 2$, ... sind, während Q und q algebraische Functionen von der Form

$$Q = t^{\lambda h + 1} + hAt^{\lambda h} + \cdots$$

$$q = t^{\lambda h + 1} + (ha + 1)t^{\lambda h} + \cdots$$

sind. Da nun nach Voraussetzung die Differenz $hA - (ha + 1)$ positiv ist, so werden (nach I) die Glieder der Reihe N, N', N'', N''', ..., wenn nicht von Anfang an, so doch nach einer gewissen Entfernung, beständig wachsen; daher wachsen die Glieder der Reihe mN, $(m + 1)N'$, $(m + 2)N''$, $(m + 3)N'''$, ... notwendig über alle Grenzen hinaus und damit auch die

Glieder der Reihe $M, M', M'', M''', \ldots$, deren $h$te Potenzen ja jenen gleich sind. W. z. b. w.

Ist $A - a$ negativ, so nehme man eine ganze Zahl h so an, dass $h(a - A) > 1$ wird, wonach durch ähnliche Schlüsse die Glieder der Reihe

$$mM^h, \ (m+1)M'^h, \ (m+2)M''^h, \ (m+3)M'''^h, \ldots$$

nach einer gewissen Entfernung beständig abnehmen werden. Daher nehmen die Glieder der Reihe $M^h, M'^h, M''^h, \ldots$ also auch die Glieder der folgenden $M, M', M'', M''', \ldots$ notwendig unbegrenzt ab. W. z. b. w.

III. Sind dagegen die ersten Coefficienten A und a einander gleich, so convergiren die Glieder der Reihe $M, M', M'', M''', \ldots$ beständig gegen eine endliche Grenze, was wir folgendermassen beweisen. Nehmen wir zuerst an, die Glieder der Reihe wachsen nach einer gewissen Entfernung beständig, d. h. von den Differenzen $B - b$, $C - c, \ldots$ sei die erste nicht verschwindende positiv. Sei h eine so beschaffene ganze Zahl, dass $h + b - B$ positiv wird, und setzen wir

$$M\left(\frac{m}{m-1}\right)^h = N, \quad M'\left(\frac{m+1}{m}\right)^h = N', \quad M''\left(\frac{m+2}{m+1}\right)^h = N'' \text{ u. s. f.},$$

ferner $(tt - 1)^h P = Q$, $t^{2h} p = q$, so dass $\frac{N'}{N}, \frac{N''}{N'}, \cdots$ die Werte des Bruches $\frac{Q}{q}$ für $t = m$, $t = m + 1, \ldots$ sind. Da wir dann haben

$$Q = t^{\lambda+2h} + A t^{\lambda+2h-1} + (B - h) t^{\lambda+2h-2} \ldots$$
$$q = t^{\lambda+2h} + A t^{\lambda+2h-1} + b\, t^{\lambda+2h-2} \ldots$$

und nach Voraussetzung $B - h - b$ negativ ist, so werden die Glieder der Reihe $N, N', N'', N''', \ldots$, nach einer gewissen Entfernung mindestens, beständig abnehmen; somit können die Glieder der Reihe M, M', M'', $M''', \ldots$, die stets bezw. kleiner sind als jene, während sie zugleich beständig zunehmen, nur gegen eine endliche Grenze convergiren. W. z. b. w.

Wenn die Glieder der Reihe $M, M', M'', M''', \ldots$ nach einer gewissen Entfernung beständig abnehmen, so ist für h eine solche ganze Zahl zu wählen, dass $h + B - b$ positiv ist, und durch ganz ähnliche Schlüsse zu beweisen, dass die Glieder der Reihe

$$M\left(\frac{m-1}{m}\right)^h, \quad M'\left(\frac{m}{m+1}\right)^h, \quad M''\left(\frac{m+1}{m+2}\right)^h \text{ u. s. f.}$$

nach einer gewissen Entfernung beständig wachsen, so dass die Glieder der Reihe $M, M', M'', \ldots$, die stets bezw. grösser sind als jene, während sie zugleich beständig abnehmen, notwendig nur bis zu einer endlichen Grenze abnehmen können. W. z. b. w.

IV. Was endlich die *Summe* der Reihe, deren Glieder $M, M', M'', M''', \ldots$ sind, in dem Falle betrifft, wo dieselben unbegrenzt abnehmen, so wollen wir zuerst voraussetzen, $A - a$ liege zwischen 0 und -1, d. h. $A + 1 - a$ sei positiv oder $= 0$. Es sei h eine positive ganze Zahl, und zwar eine beliebige im Falle, dass $A + 1 - a$ positiv ist, dagegen so beschaffen, dass sie die Grösse $h + m + A + B - b$ positiv macht, falls $A + 1 - a = 0$. Dann ist

$$P(t-(m+h-1)) = t^{\lambda+1} + (A+1-m-h)t^{\lambda} + (B - A(m+h-1))t^{\lambda-1} \ldots$$
$$p(t-(m+h)) = t^{\lambda+1} + (a-m-h)t^{\lambda} + (b - a(m+h))t^{\lambda-1} \ldots$$

wo entweder $A + 1 - m - h - (a - m - h)$ positiv, oder wenn dies $= 0$ wird, wenigstens $B - A(m + h - 1) - (b - a(m + h))$ positiv sein wird. Dann kann (nach I) für die Grösse t ein solcher Wert l angegeben werden, dass, sobald derselbe überschritten ist, die Werte des Bruches $\frac{P(t-(m+h-1))}{p(t-(m+h))}$ stets positiv und grösser als eins werden. Es sei n eine ganze Zahl, grösser als l und zugleich grösser als h, ferner seien $N, N', N'', N''', \ldots$ die Glieder der Reihe $M, M', M'', M''', \ldots$, die den Werten $t = m + n$, $t = m + n + 1$, $t = m + n + 2, \ldots$ entsprechen. Dann sind die Grössen

$$\frac{(n+1-h)N'}{(n-h)N}, \quad \frac{(n+2-h)N''}{(n+1-h)N'}, \quad \frac{(n+3-h)N'''}{(n+2-h)N''}, \ldots$$

positiv und grösser als eins, folglich

$$N' > \frac{(n-h)N}{n+1-h}, \quad N'' > \frac{(n+1-h)N'}{n+2-h}, \quad N''' > \frac{(n+2-h)N''}{n+3-h}, \ldots$$

so dass die Summe der Reihe $N + N' + N'' + N''' + \cdots$ grösser ist als die Summe der Reihe

$$(n-h)N\left(\frac{1}{n-h} + \frac{1}{n+1-h} + \frac{1}{n+2-h} + \frac{1}{n+3-h} + \cdots\right)$$

wieviel Glieder man auch nehmen mag. Die letztere Reihe aber überschreitet, wenn die Gliederzahl ins Unendliche wächst, jede Grenze, da die Summe der Reihe $1 + \frac{1}{2} + \frac{1}{3} + \frac{1}{4} + \cdots$, die bekanntlich unendlich ist, auch unendlich bleibt, wenn die Anfangsglieder $1 + \frac{1}{2} + \frac{1}{3} + \cdots + \frac{1}{n-1-h}$ abgetrennt werden. Also wächst die Summe der Reihe $N + N' + N'' + N''' + \cdots$, und damit auch die Summe $M + M' + M'' + M''' + \cdots$, von der jene ein Teil ist, über alle Grenzen.

V. Ist aber $A - a$ negativ und absolut grösser als eins, so wird die Summe der ins Unendliche fortgesetzten Reihe $M + M' + M'' + M''' + \cdots$ sicher endlich sein. Denn sei h eine positive Grösse, kleiner als $a - A - 1$, so wird durch ähnliche Rechnungen bewiesen, dass man einen Wert l von t angeben kann, über den hinaus der Bruch $\frac{Pt}{p(t-h-1)}$ stets positive Werte, kleiner als 1, erhält. Wenn nun für n eine ganze Zahl angenommen wird, die grösser als l, m und $h+1$ ist, und wenn die Glieder der Reihe M, M', M'', M''', ..., die den Werten $t = n$, $t = n+1$, $t = n+2$, ... entsprechen, mit N, N', N'' bezeichnet werden, so ist

$$N' < \frac{n-h-1}{n} \cdot N, \quad N'' < \frac{(n-h-1)(n-h)}{n(n+1)} \cdot N, \text{ u. s. f.}$$

so dass die Summe der Reihe $N + N' + N'' + \cdots$, wieviel Glieder man auch nehmen mag, kleiner ist, als das Product aus N und der Summe ebensovieler Glieder der Reihe

$$1 + \frac{n-h-1}{n} + \frac{(n-h-1)(n-h)}{n(n+1)} + \frac{(n-h-1)(n-h)(n-h+1)}{n(n+1)(n+2)} \cdots$$

Die Summe dieser Reihe aber kann für jede beliebige Gliederzahl leicht angegeben werden; es ist nämlich

das erste Glied $= \frac{n-1}{h} - \frac{n-h-1}{h}$,

die Summe zweier Glieder $= \frac{n-1}{h} - \frac{(n-h-1)(n-h)}{hn}$,

die Summe dreier Glieder $= \frac{n-1}{h} - \frac{(n-h-1)(n-h)(n-h+1)}{hn(n+1)}$

u. s. w., und da der zweite Teil (nach II.) eine unter jede Grenze sinkende Reihe bildet, muss jene Summe bei unbegrenzter Fortsetzung $= \frac{n-1}{h}$ gesetzt werden. Daher bleibt $N + N' + N'' \cdots$ bei unbegrenzter Fortsetzung stets kleiner als $\frac{N(n-1)}{h}$, und somit convergirt $M + M' + M'' + \cdots$ sicher gegen eine endliche Summe. W. z. b. w.

VI. Um das, was wir allgemein von der Reihe M, M', M'', ... bewiesen haben, auf die Coefficienten von x^m, x^{m+1}, x^{m+2}, ... in der Reihe $F(\alpha, \beta, \gamma, x)$ anzuwenden, hat man $\lambda = 2$, $A = \alpha + \beta$, $B = \alpha\beta$, $a = \gamma + 1$ und $b = \gamma$ zu setzen, woraus sich die fünf Behauptungen des vorigen Art. ohne Weiteres ergeben.

17.

Die Untersuchung über die Beschaffenheit der Summe der Reihe $F(\alpha, \beta, \gamma, 1)$ beschränkt sich nach dem Vorigen naturgemäss auf den Fall, wo $\gamma - \alpha - \beta$ positiv ist, in welchem jene Summe stets eine endliche Grösse darstellt. Wir schicken aber folgende Bemerkung voraus. Wenn die Coefficienten der Reihe $1 + ax + bxx + cx^3 + \cdots = S$ von einem gewissen Gliede an unter jede Grenze sinken, so ist das Product

$$(1-x)S = 1 + (a-1)x + (b-a)xx + (c-b)x^3 + \cdots$$

für $x = 1$ gleich 0 zu setzen, auch wenn die Summe S jener Reihe unendlich gross wird. Denn da bei Addition zweier Glieder die Summe $= a$ wird, bei dreien $= b$, bei vieren $= c$ u. s. w., so ist die Grenze der ins Unendliche erstreckten Summe $= 0$. Wenn daher $\gamma - \alpha - \beta$ positiv ist, muss für $x = 1$, $(1-x)F(\alpha, \beta, \gamma - 1, x) = 0$ gesetzt werden, woraus nach Gleichung 15 Art. 7 folgt

$$0 = \gamma(\alpha + \beta - \gamma)F(\alpha, \beta, \gamma, 1) + (\gamma - \alpha)(\gamma - \beta)F(\alpha, \beta, \gamma + 1, 1)$$

oder

[37] $$F(\alpha, \beta, \gamma, 1) = \frac{(\gamma - \alpha)(\gamma - \beta)}{\gamma(\gamma - \alpha - \beta)} F(\alpha, \beta, \gamma + 1, 1)$$

Da nun ebenso

$$F(\alpha, \beta, \gamma + 1, 1) = \frac{(\gamma + 1 - \alpha)(\gamma + 1 - \beta)}{(\gamma + 1)(\gamma + 1 - \alpha - \beta)} F(\alpha, \beta, \gamma + 2, 1)$$

$$F(\alpha, \beta, \gamma + 2, 1) = \frac{(\gamma + 2 - \alpha)(\gamma + 2 - \beta)}{(\gamma + 2)(\gamma + 2 - \alpha - \beta)} F(\alpha, \beta, \gamma + 3, 1)$$

ist, und so fort, so wird allgemein, wenn k eine beliebige positive ganze Zahl bezeichnet,

$F(\alpha, \beta, \gamma, 1)$ gleich dem Producte aus $F(\alpha, \beta, \gamma + k, 1)$
mal $(\gamma - \alpha)(\gamma + 1 - \alpha)(\gamma + 2 - \alpha) \ldots (\gamma + k - 1 - \alpha)$
mal $(\gamma - \beta)(\gamma + 1 - \beta)(\gamma + 2 - \beta) \ldots (\gamma + k - 1 - \beta)$

dividirt durch das Product

aus $\gamma(\gamma + 1)(\gamma + 2) \ldots (\gamma + k - 1)$
mal $(\gamma - \alpha - \beta)(\gamma + 1 - \alpha - \beta)(\gamma + 2 - \alpha - \beta) \ldots (\gamma + k - 1 - \alpha - \beta)$

18.

Wir wollen von jetzt ab die folgende Bezeichnung einführen:

[38] $$\Pi(k, z) = \frac{1 \;.\; 2 \;.\; 3 \;\ldots\ldots\; k}{(z+1)(z+2)(z+3) \ldots (z+k)} k^z$$

wo k als eine wesentlich positive ganze Zahl zu denken ist, mit welcher Einschränkung $\Pi(k, z)$ eine völlig bestimmte Function der beiden Grössen k und z darstellt. Hiernach ist leicht ersichtlich, dass der am Schlusse des vorigen Art. ausgesprochene Satz sich so darstellen lässt:

$$[39] \quad F(\alpha, \beta, \gamma, 1) = \frac{\Pi(k, \gamma - 1) . \Pi(k, \gamma - \alpha - \beta - 1)}{\Pi(k, \gamma - \alpha - 1) . \Pi(k, \gamma - \beta - 1)} \cdot F(\alpha, \beta, \gamma + k, 1)$$

19.

Es ist der Mühe wert, die Beschaffenheit der Function $\Pi(k, z)$ genauer zu untersuchen. Ist z eine negative ganze Zahl, so erhält die Function offenbar einen unendlich grossen Wert, sobald k hinreichend gross angenommen wird. Für ganzzahlige, nicht negative Werte von z aber haben wir

$$\Pi(k, 0) = 1$$

$$\Pi(k, 1) = \frac{1}{1 + \frac{1}{k}}$$

$$\Pi(k, 2) = \frac{1 \;.\; 2}{\left(1 + \frac{1}{k}\right)\left(1 + \frac{2}{k}\right)}$$

$$\Pi(k, 3) = \frac{1 \;.\; 2 \;.\; 3}{\left(1 + \frac{1}{k}\right)\left(1 + \frac{2}{k}\right)\left(1 + \frac{3}{k}\right)}$$

u. s. f., oder allgemein

$$[40] \quad \Pi(k, z) = \frac{1 \;.\; 2 \;.\; 3 \ldots\ldots\ldots z}{\left(1 + \frac{1}{k}\right)\left(1 + \frac{2}{k}\right)\left(1 + \frac{3}{k}\right) \cdots \left(1 + \frac{z}{k}\right)}$$

Allgemein aber haben wir für *jeden* Wert von z

$$[41] \quad \Pi(k, z + 1) = \Pi(k, z) \cdot \frac{1 + z}{1 + \frac{1 + z}{k}}$$

$$[42] \quad \Pi(k + 1, z) = \Pi(k, z) \cdot \left\{ \frac{\left(1 + \frac{1}{k}\right)^{z+1}}{1 + \frac{1+z}{k}} \right\}$$

mithin, da $\Pi(1, z) = \frac{1}{z + 1}$ ist,

$$[43] \quad \Pi(k, z) = \frac{1}{z + 1} \cdot \frac{2^{z+1}}{1^z . (2 + z)} \cdot \frac{3^{z+1}}{2^z . (3 + z)} \cdot \frac{4^{z+1}}{3^z . (4 + z)} \cdots \frac{k^{z+1}}{(k - 1)^z . (k + z)}$$

20.

Besondere Beachtung verdient der *Grenzwert*, gegen den für einen festen Wert von z die Function $\Pi(k, z)$ beständig convergirt, wenn k unendlich gross wird. Sei zunächst h ein endlicher Wert von k, grösser als z, so ist klar, dass, wenn k aus h in $h+1$ übergeht, der Logarithmus von $\Pi(k, z)$ einen Zuwachs erfährt, der durch folgende convergente Reihe ausgedrückt wird

$$\frac{z(1+z)}{2(h+1)^2}+\frac{z(1-zz)}{3(h+1)^3}+\frac{z(1+z^3)}{4(h+1)^4}+\frac{z(1-z^4)}{5(h+1)^5}+\cdots$$

Wenn daher k aus dem Werte h in $h+n$ übergeht, wird der Logarithmus von $\Pi(k, z)$ den Zuwachs erhalten:

$$\begin{aligned}&\frac{1}{2}z(1+z)\left(\frac{1}{(h+1)^2}+\frac{1}{(h+2)^2}+\frac{1}{(h+3)^2}+\cdots+\frac{1}{(h+n)^2}\right)\\ +&\frac{1}{3}z(1-zz)\left(\frac{1}{(h+1)^3}+\frac{1}{(h+2)^3}+\frac{1}{(h+3)^3}+\cdots+\frac{1}{(h+n)^3}\right)\\ +&\frac{1}{4}z(1+z^3)\left(\frac{1}{(h+1)^4}+\frac{1}{(h+2)^4}+\frac{1}{(h+3)^4}+\cdots+\frac{1}{(h+n)^4}\right)\\ +&\cdots\end{aligned}$$

welcher, wie leicht zu beweisen, stets endlich bleibt, auch wenn n unendlich wird. Wenn also nicht schon $\Pi(h, z)$ einen unendlichen Factor enthält, d. h. wenn nicht z eine negative ganze Zahl ist, so wird der Grenzwert von $\Pi(k, z)$ für $k=\infty$ sicher eine endliche Grösse sein. Offenbar hängt daher $\Pi(\infty, z)$ ausschliesslich von z ab, oder stellt eine völlig bestimmte Function von z dar, welche in der Folge einfach durch Πz bezeichnet werden soll. Wir definiren also die Function Πz durch den Wert des Productes

$$\frac{1\,.\,2\,.\,3\,\ldots\ldots k.k^z}{(z+1)(z+2)(z+3)\ldots\ldots(z+k)}$$

für $k=\infty$, oder, wenn man lieber will, durch den Grenzwert des unendlichen Productes

$$\frac{1}{z+1}\cdot\frac{2^{z+1}}{1^z(2+z)}\cdot\frac{3^{z+1}}{2^z(3+z)}\cdot\frac{4^{z+1}}{3^z(4+z)}\cdots$$

21.

Aus Gleichung 41 folgt sofort die Hauptgleichung

[44] $$\Pi(z+1)=(z+1)\Pi z$$

und hieraus allgemein, wenn n irgend eine positive ganze Zahl bezeichnet,

[45] $$\Pi(z+n) = (z+1)(z+2)(z+3)\ldots(z+n)\Pi z$$

Für einen negativen ganzzahligen Wert von z wird der Wert von Πz unendlich gross; für nicht negative ganzzahlige Werte haben wir

$$\Pi 0 = 1$$
$$\Pi 1 = 1$$
$$\Pi 2 = 2$$
$$\Pi 3 = 6$$
$$\Pi 4 = 24 \text{ u. s. f.}$$

und allgemein

[46] $$\Pi z = 1.2.3\ldots z$$

Uebel angebracht wäre aber diese Eigenschaft unserer Function als Definition derselben, da sie wesentlich auf ganzzahlige Werte beschränkt ist und ausser unserer Function noch unzähligen anderen (z. B. $\cos 2\pi z . \Pi z$, $\cos \pi z^{2n} \Pi z$ u. s. w., wo π den halben Umfang des Kreises vom Radius 1 bezeichnet) gemeinsam ist.

22.

Obgleich die Function $\Pi(k, z)$ allgemeiner erscheint, als Πz, wird sie uns doch für die Folge entbehrlich, da sie sich leicht auf letztere zurückführen lässt. Denn aus der Verbindung der Gleichungen 38, 45 und 46 ergiebt sich

[47] $$\Pi(k, z) = \frac{k^z \Pi k . \Pi z}{\Pi(k+z)}$$

Uebrigens ist der Zusammenhang dieser Functionen mit denen, die Herr *Kramp numerische Facultäten* genannt hat, von selbst ersichtlich. Die numerische Facultät, die dieser Schriftsteller mit $a^{b|c}$ bezeichnet, ist nämlich in unseren Zeichen

$$= \frac{c^b b^{\frac{a}{c}-1} \Pi b}{\Pi\left(b, \frac{a}{c}-1\right)} = \frac{c^b \Pi\left(\frac{a}{c}+b-1\right)}{\Pi\left(\frac{a}{c}-1\right)}$$

Es erscheint indessen ratsamer, eine Function *einer* Veränderlichen in die Analysis einzuführen, als eine Function dreier Veränderlichen, um so mehr als diese sich auf jene zurückführen lässt.[6])

23.

Die Stetigkeit der Function Πz wird unterbrochen, sobald ihr Wert unendlich gross wird, d. h. für negative ganzzahlige Werte von z. Sie ist daher positiv von $z = -1$ bis $z = \infty$, und da für beide Grenzen Πz einen unendlich grossen Wert annimmt, so wird es zwischen ihnen einen kleinsten Wert geben, der, wie wir gefunden haben, $= 0{,}8856024$ ist und dem Werte $z = 0{,}4616321$ entspricht. Zwischen den Grenzen $z = -1$ und $z = -2$ wird der Wert von Πz negativ, zwischen $z = -2$ und $z = -3$ wieder positiv und so fort, wie aus Gleichung 44 ohne Weiteres folgt. Weiter ist klar, wenn man alle Werte von Πz zwischen beliebigen, um eins von einander verschiedenen Grenzen, z. B. von $z = 0$ bis $z = 1$, als bekannt ansehen kann, so kann man daraus den Wert der Function für jeden anderen reellen Wert von z mit Hilfe der Gleichung 45 leicht ableiten. Zu diesem Zwecke haben wir eine *Tafel* aufgestellt, die am Schlusse dieses Abschnitts beigefügt ist; dieselbe enthält die briggischen Logarithmen der Function Πz auf 20 Stellen, für $z = 0$ bis $z = 1$ von Hundertstel zu Hundertstel mit grösster Sorgfalt berechnet, wobei aber zu bemerken, dass die letzte, zwanzigste, Stelle zuweilen um eine oder zwei Einheiten falsch sein kann.

24.

Da die Grenze von $F(\alpha, \beta, \gamma + k, 1)$, für unendlich wachsendes k, offenbar eins ist, so geht Gleichung 39 in die folgende über

$$[48] \qquad F(\alpha, \beta, \gamma, 1) = \frac{\Pi(\gamma - 1) . \Pi(\gamma - \alpha - \beta - 1)}{\Pi(\gamma - \alpha - 1) . \Pi(\gamma - \beta - 1)}$$

und diese Formel stellt die vollständige Lösung der Frage dar, welche den Gegenstand dieses Abschnittes ausmacht. Ohne Weiteres folgen daraus die eleganten Gleichungen

$$[49] \qquad F(\alpha, \beta, \gamma, 1) = F(-\alpha, -\beta, \gamma - \alpha - \beta, 1)$$

$$[50] \qquad F(\alpha, \beta, \gamma, 1) . F(-\alpha, \beta, \gamma - \alpha, 1) = 1$$

$$[51] \qquad F(\alpha, \beta, \gamma, 1) . F(\alpha, -\beta, \gamma - \beta, 1) = 1$$

in deren erster γ, in deren zweiter $\gamma - \beta$, in deren dritter $\gamma - \alpha$ positiv sein muss.

25.

Wir wollen Formel 48 auf einige der Gleichungen des Art. 5 anwenden. Formel XIII wird, wenn wir $t = 90° = \frac{1}{2}\pi$ setzen, $\frac{1}{2}\pi = F\left(\frac{1}{2}, \frac{1}{2}, \frac{3}{2}, 1\right)$, d. h. gleichbedeutend mit der bekannten Gleichung

$$\frac{1}{2}\pi = 1 + \frac{1.1}{2.3} + \frac{1.1.3}{2.4.5} + \frac{1.1.3.5}{2.4.6.7} + \cdots$$

Da nun nach Formel 48 $F\left(\frac{1}{2}, \frac{1}{2}, \frac{3}{2}, 1\right) = \frac{\Pi\frac{1}{2}.\Pi(-\frac{1}{2})}{\Pi 0.\Pi 0}$ und $\Pi 0 = 1$, $\Pi\frac{1}{2} = \frac{1}{2}\Pi\left(-\frac{1}{2}\right)$ ist, so wird $\pi = \left(\Pi(-\frac{1}{2})\right)^2$ oder

[52] $$\Pi\left(-\frac{1}{2}\right) = \sqrt{\pi}$$

[53] $$\Pi\frac{1}{2} = \frac{1}{2}\sqrt{\pi}$$

Formel XVI des Art. 5, welche dasselbe sagt wie die bekannte Gleichung

$$\sin nt = n\sin t - \frac{n(nn-1)}{2.3}\sin t^3 + \frac{n(nn-1)(nn-9)}{2.3.4.5}\sin t^5 - \cdots$$

und allgemein für jeden Wert von n gilt, wenn nur t nicht die Grenzen $-90°$ und $+90°$ überschreitet, liefert für $t = \frac{1}{2}\pi$

$$\sin\frac{n\pi}{2} = \frac{n\,\Pi\frac{1}{2}.\Pi(-\frac{1}{2})}{\Pi(-\frac{1}{2}n).\Pi\frac{1}{2}n}$$

woraus sich die elegante Formel ergiebt

$$\Pi\frac{1}{2}n.\Pi\left(-\frac{1}{2}n\right) = \frac{\frac{1}{2}n\pi}{\sin\frac{1}{2}n\pi}$$

oder, wenn $n = 2z$ gesetzt wird,

[54] $$\Pi(-z).\Pi(+z) = \frac{z\pi}{\sin z\pi}$$

[55] $$\Pi(-z).\Pi(z-1) = \frac{\pi}{\sin z\pi}$$

oder auch, wenn man $z + \frac{1}{2}$ für z schreibt,

[56] $$\Pi\left(-\frac{1}{2}+z\right)\cdot\Pi\left(-\frac{1}{2}-z\right) = \frac{\pi}{\cos z\pi}$$

Aus der Verbindung von Formel 54 mit der Definition der Function Π folgt, dass $\frac{z\pi}{\sin z\pi}$ die Grenze des unendlichen Productes

$$\frac{(1\ .\ 2\ .\ 3\ \ldots\ldots\ldots\ k)^2}{(1-zz)(4-zz)(9-zz)\ldots(kk-zz)}$$

für unendlich wachsendes k ist, so dass

$$\sin z\pi = z\pi(1 - zz)\left(1 - \frac{zz}{4}\right)\left(1 - \frac{zz}{9}\right)\cdots \text{in inf.}$$

und auf dieselbe Weise liefert 56

$$\cos z\pi = (1 - 4zz)\left(1 - \frac{4zz}{9}\right)\left(1 - \frac{4zz}{25}\right)\cdots \text{in inf.}$$

sehr bekannte Formeln, die von den Analytikern auf ganz andere Art abgeleitet zu werden pflegen.[7])

26.

Bedeutet n eine ganze Zahl, so findet man den Wert des Ausdrucks

$$\frac{n^{nz}\Pi(k, z)\,.\,\Pi\left(k, z - \frac{1}{n}\right)\cdot\Pi\left(k, z - \frac{2}{n}\right)\cdots\Pi\left(k, z - \frac{n-1}{n}\right)}{\Pi(nk, nz)}$$

bei gehöriger Zusammenziehung

$$= \frac{(1.2.3\ldots.k)^n n^{nk}}{1.2.3\ldots.nk.k^{\frac{1}{2}(n-1)}}$$

so dass derselbe von z unabhängig ist, also ungeändert bleiben wird, welchen Wert z auch erhalte. Er lässt sich mithin, da $\Pi(k, 0) = \Pi(nk, 0) = 1$ ist, durch das Product

$$\Pi\left(k, -\frac{1}{n}\right)\cdot\Pi\left(k, -\frac{2}{n}\right)\cdot\Pi\left(k, -\frac{3}{n}\right)\cdots\Pi\left(k, -\frac{n-1}{n}\right)$$

darstellen. Für unendlich wachsendes k bekommen wir demnach

$$\frac{n^{nz}\Pi z\,.\,\Pi\left(z - \frac{1}{n}\right)\cdot\Pi\left(z - \frac{2}{n}\right)\cdots\Pi\left(z - \frac{n-1}{n}\right)}{\Pi nz}$$
$$= \Pi\left(-\frac{1}{n}\right)\cdot\Pi\left(-\frac{2}{n}\right)\cdot\Pi\left(-\frac{3}{n}\right)\cdots\Pi\left(-\frac{n-1}{n}\right)$$

Das Product rechter Hand, in umgekehrter Reihenfolge der Factoren mit sich selbst multiplicirt, liefert, nach Form. 55,

$$\frac{\pi}{\sin\frac{1}{n}\pi}\cdot\frac{\pi}{\sin\frac{2}{n}\pi}\cdot\frac{\pi}{\sin\frac{3}{n}\pi}\cdots\frac{\pi}{\sin\frac{n-1}{n}\pi} = \frac{(2\pi)^{n-1}}{n}$$

Sonach haben wir den eleganten Satz[8])

[57] $$\frac{n^{nz}\Pi z.\Pi\left(z-\frac{1}{n}\right).\Pi\left(z-\frac{2}{n}\right)\ldots.\Pi\left(z-\frac{n-1}{n}\right)}{\Pi nz}=\frac{(2\pi)^{\frac{1}{2}(n-1)}}{\sqrt{n}}$$

27.

Das Integral $\int x^{\lambda-1}(1-x^{\mu})^{\nu}dx$, so genommen, dass es für $x=0$ verschwindet, lässt sich durch folgende Reihe ausdrücken, wenn λ und μ positiv sind:

$$\frac{x^{\lambda}}{\lambda}-\frac{\nu x^{\mu+\lambda}}{\mu+\lambda}+\frac{\nu(\nu-1)x^{2\mu+\lambda}}{1.2.2\mu+\lambda}-\cdots=\frac{x^{\lambda}}{\lambda}F\left(-\nu,\frac{\lambda}{\mu},\frac{\lambda}{\mu}+1,x^{\mu}\right)$$

Daher wird der Wert desselben für $x=1$

$$=\frac{\Pi\frac{\lambda}{\mu}\cdot\Pi\nu}{\lambda\Pi\left(\frac{\lambda}{\mu}+\nu\right)}$$

sein. Aus diesem Satze fliessen ohne Weiteres alle Beziehungen, die *Euler* ehedem mit vieler Mühe entwickelt hat. Setzen wir z. B.

$$\int\frac{dx}{\sqrt{(1-x^4)}}=A,\quad\int\frac{xxdx}{\sqrt{(1-x^4)}}=B$$

so ist $A=\frac{\Pi\frac{1}{4}.\Pi(-\frac{1}{2})}{\Pi(-\frac{1}{4})}$, $B=\frac{\Pi\frac{3}{4}.\Pi(-\frac{1}{2})}{3\Pi\frac{1}{4}}=\frac{\Pi(-\frac{1}{4}).\Pi(-\frac{1}{2})}{4\Pi\frac{1}{4}}$, so dass $AB=\frac{1}{4}\pi$. Zugleich folgt hieraus, da $\Pi\frac{1}{4}\cdot\Pi\left(-\frac{1}{4}\right)=\frac{\frac{1}{4}\pi}{\sin\frac{1}{4}\pi}=\frac{\pi}{\sqrt{8}}$,

$$\Pi\frac{1}{4}=\sqrt[4]{\left(\frac{1}{8}\pi AA\right)}=\sqrt[4]{\frac{\pi^3}{128BB}},\qquad\Pi\left(-\frac{1}{4}\right)=\sqrt[4]{\frac{\pi^3}{8AA}}=\sqrt[4]{(2\pi BB)}$$

Der Zahlenwert von A beträgt, nach *Stirlings* Rechnung, 1,3110287771 4605987, der Wert von B ist nach demselben Schriftsteller = 0,5990701173 6779611, nach unserer, auf einen besonderen Kunstgriff gestützten Berechnung, = 0,5990701173 6779610372.

Allgemein lässt sich leicht zeigen, dass der Wert von Πz, wenn z rational $=\frac{m}{\mu}$ ist, wo m und μ ganze Zahlen bedeuten, aus $\mu-1$ bestimmten Werten solcher Integrale für $x=1$ abgeleitet werden kann, und zwar auf sehr viele verschiedene Arten. Nimmt man nämlich für λ eine ganze Zahl und für ν einen Bruch mit dem Nenner μ, so wird der Wert jenes Integrals stets auf drei Πz zurückgeführt, wo z ein Bruch mit dem Nenner μ ist; jedes solche Πz lässt sich aber durch Formel 45 entweder auf $\Pi\left(-\frac{1}{\mu}\right)$, oder auf $\Pi\left(-\frac{2}{\mu}\right)$, oder $\Pi\left(-\frac{3}{\mu}\right)$ u. s. w., oder endlich auf $\Pi\left(-\frac{\mu-1}{\mu}\right)$, zurückführen, wenn z wirklich ein Bruch ist; ist aber z eine ganze Zahl, so ist Πz selbst bekannt. Aus jenen Integralwerten aber kann, allgemein gesprochen, jedes $\Pi\left(-\frac{m}{\mu}\right)$, wenn $m<\mu$, durch Elimination gefunden werden.*) Wenn wir noch Formel 54 zu Hilfe nehmen, wird sogar die Hälfte jener Integrale hinreichend sein. Setzen wir z. B.

$$\int\frac{dx}{\sqrt[5]{(1-x^5)}}=C,\quad \int\frac{dx}{\sqrt[5]{(1-x^5)^2}}=D,\quad \int\frac{dx}{\sqrt[5]{(1-x^5)^3}}=E,\quad \int\frac{dx}{\sqrt[5]{(1-x^5)^4}}=F,$$

so wird

$$C=\Pi\frac{1}{5}\cdot\Pi\left(-\frac{1}{5}\right),\quad D=\frac{\Pi\frac{1}{5}.\Pi(-\frac{2}{5})}{\Pi(-\frac{1}{5})},\quad E=\frac{\Pi\frac{1}{5}.\Pi(-\frac{3}{5})}{\Pi(-\frac{2}{5})},\quad F=\frac{\Pi\frac{1}{5}.\Pi(-\frac{4}{5})}{\Pi(-\frac{3}{5})}$$

Hiernach haben wir, wegen $\Pi\frac{1}{5}=\frac{1}{5}\Pi\left(-\frac{4}{5}\right)$,

$$\Pi\left(-\frac{1}{5}\right)=\sqrt[5]{\frac{5C^4}{DEF}},\quad \Pi\left(-\frac{2}{5}\right)=\sqrt[5]{\frac{25C^3D^3}{EEFF}},\quad \Pi\left(-\frac{3}{5}\right)=\sqrt[5]{\frac{125\,CCDDEE}{F^3}},$$

$$\Pi\left(-\frac{4}{5}\right)=\sqrt[5]{(625\,CDEF)}$$

Die Formeln 54 und 55 liefern überdies

$$C=\frac{\pi}{\sin\frac{1}{5}\pi},\qquad \frac{D}{F}=\frac{\sin\frac{1}{5}\pi}{\sin\frac{2}{5}\pi}$$

so dass zwei Integrale D und E oder E und F hinreichen, um alle Werte $\Pi\left(-\frac{1}{5}\right)$, $\Pi\left(-\frac{2}{5}\right)$ u. s. w. zu berechnen.

28.

Setzen wir $y=\nu x$ und $\mu=1$, so wird $\frac{\Pi\lambda.\Pi\nu}{\lambda\Pi(\lambda+\nu)}$ der Wert des Integrals $\int\frac{y^{\lambda-1}\left(1-\frac{y}{\nu}\right)^{\nu}dy}{\nu^{\lambda}}$ von $y=0$ bis $y=\nu$, oder es ist der Wert des Integrals

*) Wenn wir statt der Grössen selbst ihre Logarithmen einführen, so wird diese Elimination nur lineare Gleichungen betreffen.

$\int y^{\lambda-1}\left(1-\frac{y}{\nu}\right)^{\nu}dy$ zwischen denselben Grenzen $=\frac{\nu^{\lambda}\Pi\lambda.\Pi\nu}{\lambda\Pi(\lambda+\nu)}=\frac{\Pi(\nu,\lambda)}{\lambda}$ (Form. 47), sofern ν eine ganze Zahl bedeutet. Wenn nun ν ins Unendliche wächst, wird der Grenzwert von $\Pi(\nu,\lambda)=\Pi\lambda$, der Grenzwert von $\left(1-\frac{y}{\nu}\right)^{\nu}$ aber $=e^{-y}$, wo e die Basis der hyperbolischen Logarithmen bezeichnet. Ist daher λ positiv, so drückt $\frac{\Pi\lambda}{\lambda}$ oder $\Pi(\lambda-1)$ das Integral $\int y^{\lambda-1}e^{-y}dy$ von $y=0$ bis $y=\infty$ aus, oder wenn wir λ statt $\lambda-1$ schreiben, $\Pi\lambda$ ist der Wert des Integrals $\int y^{\lambda}e^{-y}dy$ von $y=0$ bis $y=\infty$, wenn $\lambda+1$ positiv ist.

Setzen wir allgemeiner $y=z^{\alpha}$, $\alpha\lambda+\alpha-1=\beta$, so geht $\int y^{\lambda}e^{-y}dy$ in $\int \alpha z^{\beta}e^{-z^{\alpha}}dz$ über, welches also, zwischen den Grenzen $z=0$ und $z=\infty$ genommen, durch $\Pi\left(\frac{\beta+1}{\alpha}-1\right)$ ausgedrückt wird, oder

Der Wert des Integrals $\int z^{\beta}e^{-z^{\alpha}}dz$ von $z=0$ bis $z=\infty$ wird $=\frac{\Pi\left(\frac{\beta+1}{\alpha}-1\right)}{\alpha}=\frac{\Pi\frac{\beta+1}{\alpha}}{\beta+1}$, wenn α und $\beta+1$ positiv sind (sind beide negativ, so drückt sich das Integral durch $-\frac{\Pi\frac{\beta+1}{\alpha}}{\beta+1}$ aus). So findet man z. B. für $\beta=0$, $\alpha=2$, den Wert des Integrals $\int e^{-zz}dz=\Pi\frac{1}{2}=\frac{1}{2}\sqrt{\pi}$.

[Siehe Anmerkung 9.]

29.

Euler hat für die Summe der Logarithmen $\log 1+\log 2+\log 3+\cdots+\log z$ die Reihe $\left(z+\frac{1}{2}\right)\log z-z+\frac{1}{2}\log 2\pi+\frac{\mathfrak{A}}{1.2z}-\frac{\mathfrak{B}}{3.4z^{3}}+\frac{\mathfrak{C}}{5.6z^{5}}-\cdots$ ermittelt, wo $\mathfrak{A}=\frac{1}{6}$, $\mathfrak{B}=\frac{1}{30}$, $\mathfrak{C}=\frac{1}{42}$ u. s. w. die *Bernoullischen* Zahlen sind. Durch diese Reihe wird daher $\log\Pi z$ dargestellt; obgleich nämlich auf den ersten Blick dieser Schluss auf ganzzahlige Werte beschränkt zu sein scheint, so ergiebt sich doch bei näherer Betrachtung, dass die von *Euler* benutzte Entwickelung (Instit. Calc. Diff. Cap. VI, 159) wenigstens für positive gebrochene Werte ebensowohl angewendet werden kann, wie für ganze Zahlen: denn er setzt nur voraus, dass die in eine Reihe zu entwickelnde Function von z so beschaffen sei, dass ihre Abnahme, wenn z in $z-1$ übergeht, durch den *Taylorschen* Lehrsatz dargestellt werden kann, sowie dass diese Abnahme $=\log z$ ist. Die erstere Bedingung beruht auf der *Stetigkeit* der Function, hat also für negative Werte von z nicht statt, auf die jene Reihe mithin nicht ausgedehnt werden darf: die zweite Bedingung aber kommt der Function $\log \Pi z$ allgemein zu, ohne Beschränkung auf ganzzahlige Werte von z. Wir setzen daher[10])

[58] $$\log \Pi z = \left(z+\frac{1}{2}\right)\log z - z + \frac{1}{2}\log 2\pi + \frac{\mathfrak{A}}{1.2z} - \frac{\mathfrak{B}}{3.4z^3} + \frac{\mathfrak{C}}{5.6z^5} - \frac{\mathfrak{D}}{7.8z^7} + \cdots$$

Da hiernach auch

$$\log \Pi 2z = \left(2z+\frac{1}{2}\right)\log 2z - 2z + \frac{1}{2}\log 2\pi + \frac{\mathfrak{A}}{1.2.2z} - \frac{\mathfrak{B}}{3.4.8z^3} + \frac{\mathfrak{C}}{5.6.32z^5} - \frac{\mathfrak{D}}{7.8.128z^7} + \cdots$$

und nach Formel 57, wenn $n = 2$ gesetzt wird,

$$\log \Pi\left(z-\frac{1}{2}\right) = \log \Pi 2z - \log \Pi z - \left(2z+\frac{1}{2}\right)\log 2 + \frac{1}{2}\log 2\pi, \text{ so ist}$$

[59] $$\log \Pi\left(z-\frac{1}{2}\right) = z\log z - z + \frac{1}{2}\log 2\pi - \frac{\mathfrak{A}}{1.2.2z} + \frac{7\mathfrak{B}}{3.4.8z^3} - \frac{31\mathfrak{C}}{5.6.32z^5} + \frac{127\mathfrak{D}}{7.8.128z^7} - \cdots$$

Diese beiden Reihen convergiren für grosse Werte von z von Anfang an ziemlich rasch, so dass sich ihre angenäherte Summe bequem und hinreichend genau berechnen lässt: indessen ist wohl zu beachten, dass für jeden gegebenen, noch so grossen, Wert von z nur eine beschränkte Genauigkeit zu erzielen ist, da die *Bernoullischen* Zahlen eine hypergeometrische Reihe bilden, so dass jene Reihen, wenn sie nur hinreichend weit erstreckt werden, sicher aus convergenten in divergente übergehen.[11]) Übrigens ist nicht zu leugnen, dass die Theorie solcher divergenten Reihen bisher an gewissen Schwierigkeiten leidet, von denen ich vielleicht bei anderer Gelegenheit einige behandeln werde.

30.

Aus Formel 38 folgt

$$\frac{\Pi(k, z+\omega)}{\Pi(k,z)} = \frac{z+1}{z+1+\omega}\cdot\frac{z+2}{z+2+\omega}\cdot\frac{z+3}{z+3+\omega}\cdots\frac{z+k}{z+k+\omega}\cdot k^{\omega}$$

woraus, wenn man die Logarithmen nimmt und in unendliche Reihen entwickelt, hervorgeht

[60] $$\log\Pi(k, z+\omega) = \log\Pi(k, z)$$
$$+\,\omega\left(\log k - \frac{1}{z+1} - \frac{1}{z+2} - \frac{1}{z+3} - \cdots - \frac{1}{z+k}\right)$$
$$+\,\frac{1}{2}\,\omega\omega\left(\frac{1}{(z+1)^2} + \frac{1}{(z+2)^2} + \frac{1}{(z+3)^2} + \cdots + \frac{1}{(z+k)^2}\right)$$
$$-\,\frac{1}{3}\,\omega^3\left(\frac{1}{(z+1)^3} + \frac{1}{(z+2)^3} + \frac{1}{(z+3)^3} + \cdots + \frac{1}{(z+k)^3}\right)$$
$$+ \cdots \text{ in inf.}$$

Die hier mit ω multiplicirte Reihe, die sich, wenn man will, auch so schreiben lässt

$$-\frac{1}{z+1} + \log 2 - \frac{1}{z+2} + \log\frac{3}{2} - \frac{1}{z+3} + \log\frac{4}{3} - \frac{1}{z+4} + \log\frac{5}{4} - \cdots$$
$$+ \log\frac{k}{k-1} - \frac{1}{z+k}$$

besteht aus einer endlichen Anzahl von Gliedern, convergirt aber, wenn k unendlich gross wird, gegen eine gewisse Grenze, die uns eine neue Art transscendenter Functionen darbietet, welche wir im Weiteren mit Ψz bezeichnen wollen.

Nennen wir ferner die Summen der folgenden, ins *Unendliche* erstreckten, Reihen

$$\frac{1}{(z+1)^2} + \frac{1}{(z+2)^2} + \frac{1}{(z+3)^2} + \cdots$$
$$\frac{1}{(z+1)^3} + \frac{1}{(z+2)^3} + \frac{1}{(z+3)^3} + \cdots$$
$$\frac{1}{(z+1)^4} + \frac{1}{(z+2)^4} + \frac{1}{(z+3)^4} + \cdots$$
u. s. w.

bezw. P, Q, R u. s. f. (die Einführung von Functionszeichen erscheint für diese weniger notwendig), so haben wir

[61] $$\log\Pi(z+\omega) = \log\Pi z + \omega\Psi z + \frac{1}{2}\,\omega\omega P - \frac{1}{3}\,\omega^3 Q + \frac{1}{4}\,\omega^4 R - \cdots$$

Offenbar ist die Function Ψz die erste Ableitung von $\log\Pi z$, so dass

[62] $$\frac{d\Pi z}{dz} = \Pi z\,.\,\Psi z$$

Ebenso ist $P = \frac{d\Psi z}{dz}$, $Q = -\frac{dd\Psi z}{2dz^2}$, $R = +\frac{d^3\Psi z}{2.3\,dz^3}\cdots$

31.

Die Function Ψz ist beinahe ebenso merkwürdig wie die Function Πz, weshalb wir die wichtigsten Eigenschaften derselben hier zusammenstellen wollen. Durch Differentiation von Gleichung 44 kommt

[63] $$\Psi(z+1) = \Psi z + \frac{1}{z+1}$$

folglich

[64] $$\Psi(z+n) = \Psi(z) + \frac{1}{z+1} + \frac{1}{z+2} + \frac{1}{z+3} + \cdots + \frac{1}{z+n}$$

Hiernach kann man von kleineren Werten von z zu grösseren hinauf, oder von grösseren zu kleineren hinabsteigen; für grössere positive Werte von z berechnen sich die Zahlenwerte der Function hinreichend bequem aus folgenden Formeln, die sich durch Differentiation der Gleichungen 58 und 59 ergeben, von denen indessen dasselbe gilt, was wir Art. 29 über die Formeln 58 und 59 bemerkt haben:

[65] $$\Psi z = \log z + \frac{1}{2z} - \frac{\mathfrak{A}}{2zz} + \frac{\mathfrak{B}}{4z^4} - \frac{\mathfrak{C}}{6z^6} + \cdots$$

[66] $$\Psi\left(z-\frac{1}{2}\right) = \log z + \frac{\mathfrak{A}}{2.2zz} - \frac{7\mathfrak{B}}{4.8z^4} + \frac{31\mathfrak{C}}{6.32z^6} - \cdots$$

So haben wir für $z = 10$ berechnet

$$\Psi z = 2{,}3517525890\ 6672110764\ 743$$

und gehen von hier aus zurück auf

$$\Psi 0 = -0{,}5772156649\ 0153286060\ 653$$ *)

---

*) Da dieser Wert von der zwanzigsten Stelle an von demjenigen abweicht, den *Mascheroni* in den Bemerkungen zu *Eulers Calculum Integr.* berechnet hat, veranlasste ich *Friedrich Bernhard Gottfried Nicolai*, einen unermüdlichen Rechner, jene Wertbestimmung zu wiederholen und weiter auszudehnen. Er fand durch doppelte Rechnung, nämlich einmal von $z = 50$, einmal von $z = 100$ ausgehend,

$$\Psi 0 = -0{,}5772156649\ 0153286060\ 6512090082\ 4024310421$$

Von demselben sehr geübten Rechner rührt auch der zweite Teil der diesem Abschnitt angehängten Tafel her, der die Werte von Ψz auf 18 Stellen (deren letzte unsicher ist), für alle Werte z von 0 bis 1, von Hundertstel zu Hundertstel, enthält. Die Methoden, mittels welcher beide Tafeln hergestellt sind, beruhen übrigens teils auf den hier gegebenen Sätzen, teils auf besonderen Rechnungskunstgriffen, die wir bei anderer Gelegenheit mitteilen werden.

Für ganzzahlige positive Werte von z ist allgemein

[67] $$\Psi z = \Psi 0 + 1 + \frac{1}{2} + \frac{1}{3} + \cdots + \frac{1}{z}$$

Für ganzzahlige negative Werte dagegen wird Ψz offenbar unendlich gross.

32.

Formel 55 liefert uns $\log \Pi(-z) + \log \Pi(z-1) = \log \pi - \log \sin z\pi$, woraus durch Differentiation folgt

[68] $$\Psi(-z) - \Psi(z-1) = \pi \operatorname{cotang} z\pi.$$

Und da man aus der Definition der Function Ψ allgemein hat

[69] $$\Psi x - \Psi y = -\frac{1}{x+1} + \frac{1}{y+1} - \frac{1}{x+2} + \frac{1}{y+2} - \frac{1}{x+3} + \cdots$$

so ergiebt sich die bekannte Reihe

$$\pi \operatorname{cotang} z\pi = \frac{1}{z} - \frac{1}{1-z} + \frac{1}{1+z} - \frac{1}{2-z} + \frac{1}{2+z} - \frac{1}{3-z} + \cdots$$

Ebenso geht aus der Differentiation von Formel 57 hervor

[70] $$\Psi z + \Psi\left(z - \frac{1}{n}\right) + \Psi\left(z - \frac{2}{n}\right) + \cdots + \Psi\left(z - \frac{n-1}{n}\right) = n\Psi nz - n \log n$$

somit, wenn wir $z = 0$ setzen,

[71] $$\Psi\left(-\frac{1}{n}\right) + \Psi\left(-\frac{2}{n}\right) + \Psi\left(-\frac{3}{n}\right) + \cdots + \Psi\left(-\frac{n-1}{n}\right) = (n-1)\Psi 0 - n \log n$$

So ist z. B.

$$\Psi\left(-\frac{1}{2}\right) = \Psi 0 - 2\log 2 = -1{,}96351\ 00260\ 21423\ 47944\ 099,$$

woraus weiter $$\Psi \frac{1}{2} = +0{,}03648\ 99739\ 78576\ 52055\ 901.$$

33.

Wie wir im vor. Art. $\Psi\left(-\frac{1}{2}\right)$ auf $\Psi 0$ und einen Logarithmus zurückgeführt haben, so wollen wir allgemein $\Psi\left(-\frac{m}{n}\right)$, wo m und n ganze Zahlen bedeuten, deren kleinere m ist, auf $\Psi 0$ und Logarithmen zurückführen. Wir setzen $\frac{2\pi}{n} = \omega$, und es sei φ gleich einem der Winkel ω, 2ω, 3ω .... $(n-1)\omega$; also $1 = \cos n\varphi = \cos 2n\varphi = \cos 3n\varphi$ u. s. f.,

$\cos\varphi = \cos(n+1)\varphi = \cos(2n+1)\varphi$ u. s. f., $\cos 2\varphi = \cos(n+2)\varphi$ u. s. f., ferner $\cos\varphi + \cos 2\varphi + \cos 3\varphi + \ldots + \cos(n-1)\varphi + 1 = 0$. Wir haben daher

$$\cos\varphi . \Psi\frac{1-n}{n} = -n\cos\varphi + \cos\varphi . \log 2 - \frac{n}{n+1}\cos(n+1)\varphi + \cos\varphi . \log\frac{3}{2} - \cdots$$

$$\cos 2\varphi . \Psi\frac{2-n}{n} = -\frac{n}{2}\cos 2\varphi + \cos 2\varphi . \log 2 - \frac{n}{n+2}\cos(n+2)\varphi + \cos 2\varphi . \log\frac{3}{2} - \cdots$$

$$\cos 3\varphi . \Psi\frac{3-n}{n} = -\frac{n}{3}\cos 3\varphi + \cos 3\varphi . \log 2 - \frac{n}{n+3}\cos(n+3)\varphi + \cos 3\varphi . \log\frac{3}{2} - \cdots$$

u. s. f. bis

$$\cos(n-1)\varphi . \Psi\left(-\frac{1}{n}\right) = -\frac{n}{n+1}\cos(n-1)\varphi + \cos(n-1)\varphi . \log 2 - \frac{n}{2n-1}\cos(2n-1)\varphi + \cos(n-1)\varphi . \log\frac{3}{2} - \cdots$$

$$\Psi 0 = -\frac{n}{n}\cos n\varphi + \log 2 - \frac{n}{2n}\cos 2n\varphi + \log\frac{3}{2} - \cdots$$

und somit durch *Addition*

$$\cos\varphi . \Psi\frac{1-n}{n} + \cos 2\varphi . \Psi\frac{2-n}{n} + \cos 3\varphi . \Psi\frac{3-n}{n} + \cdots + \cos(n-1)\varphi . \Psi\left(-\frac{1}{n}\right) + \Psi 0$$
$$= -n\left(\cos\varphi + \frac{1}{2}\cos 2\varphi + \frac{1}{3}\cos 3\varphi + \frac{1}{4}\cos 4\varphi + \cdots \text{ in infin.}\right)$$

Nun ist aber allgemein, wenn x nicht grösser als eins ist,

$$\log(1 - 2x\cos\varphi + xx) = -2\left(x\cos\varphi + \frac{1}{2}xx\cos 2\varphi + \frac{1}{3}x^3\cos 3\varphi + \cdots\right)$$

welche Reihe leicht aus der Entwickelung von $\log(1 - rx) + \log\left(1 - \frac{x}{r}\right)$ folgt, wo r die Grösse $\cos\varphi + \sqrt{-1} . \sin\varphi$ bezeichnet. Mithin wird die vorige Gleichung

$$[72]\quad \cos\varphi . \Psi\frac{1-n}{n} + \cos 2\varphi . \Psi\frac{2-n}{n} + \cos 3\varphi . \Psi\frac{3-n}{n} + \cdots + \cos(n-1)\varphi . \Psi\left(-\frac{1}{n}\right)$$
$$= -\Psi 0 + \frac{1}{2}n\log(2 - 2\cos\varphi)$$

Nun werde in dieser Gleichung nach einander $\varphi = \omega$, $\varphi = 2\omega$, $\varphi = 3\omega$ u. s. f. bis $\varphi = (n-1)\omega$ gesetzt, diese einzelnen Gleichungen der Reihe nach mit $\cos m\omega$, $\cos 2m\omega$, $\cos 3m\omega$ u. s. f. bis $\cos(n-1)m\omega$ multiplicirt und zu dem Aggregat der Producte Gleichung 71

$$\Psi\frac{1-n}{n} + \Psi\frac{2-n}{n} + \Psi\frac{3-n}{n} + \cdots + \Psi\left(-\frac{1}{n}\right) = (n-1)\Psi 0 - n\log n$$

addirt. Wenn man nun berücksichtigt, dass

$$\begin{aligned} 1 + \cos m\omega . \cos k\omega + \cos 2m\omega . \cos 2k\omega + \cos 3m\omega . \cos 3k\omega \\ + \cdots + \cos(n-1)m\omega . \cos(n-1)k\omega = 0 \end{aligned}$$

ist, wenn k eine der Zahlen 1, 2, 3 .... $(n-1)$ bedeutet, ausgenommen die beiden Werte m und $n-m$, für welche jene Summe $= \frac{1}{2}n$ wird, so ist klar, dass aus der Addition jener Gleichungen, nach Division mit $\frac{n}{2}$, hervorgeht

[73] $$\Psi\left(-\frac{m}{n}\right) + \Psi\left(-\frac{n-m}{n}\right) =$$

$$\begin{aligned} 2\Psi 0 - 2\log n + \cos m\omega . \log(2 - 2\cos\omega) + \cos 2m\omega . \log(2 - 2\cos 2\omega) \\ + \cos 3m\omega . \log(2 - 2\cos 3\omega) + \cdots + \cos(n-1)m\omega . \log(2 - 2\cos(n-1)\omega) \end{aligned}$$

Offenbar ist das letzte Glied dieser Gleichung $= \cos m\omega . \log(2 - 2\cos\omega)$, das vorletzte $= \cos 2m\omega . \log(2 - 2\cos 2\omega)$ u. s. f., so dass immer je zwei Glieder einander gleich sind, ausgenommen, wenn n gerade ist, das einzelne Glied $\cos\frac{n}{2}\cdot m\omega \log\left(2 - 2\cos\frac{n}{2}\omega\right)$, welches für gerades m, gleich $+2\log 2$, und für ungerades m gleich $-2\log 2$ wird. Verbinden wir nun mit Gleichung 73 die folgende

$$\Psi\left(-\frac{m}{n}\right) - \Psi\left(-\frac{n-m}{n}\right) = \pi \operatorname{cotang}\frac{m}{n}\pi$$

so haben wir, für ungerade Werte von n, wenn m eine positive ganze Zahl, kleiner als n, ist

[74] $$\begin{aligned} \Psi\left(-\frac{m}{n}\right) = \Psi 0 + \frac{1}{2}\pi \operatorname{cotang}\frac{m\pi}{n} - \log n + \cos\frac{2m\pi}{n}\cdot\log\left(2 - 2\cos\frac{2\pi}{n}\right) \\ + \cos\frac{4m\pi}{n}\cdot\log\left(2 - 2\cos\frac{4\pi}{n}\right) + \cos\frac{6m\pi}{n}\cdot\log\left(2 - 2\cos\frac{6\pi}{n}\right) + \cdots \\ + \cos\frac{(n-1)m\pi}{n}\cdot\log\left(2 - 2\cos\frac{(n-1)\pi}{n}\right) \end{aligned}$$

Dagegen für gerade **Werte** von n

[75]
$$\Psi\left(-\frac{m}{n}\right)$$
$$= \Psi 0 + \frac{1}{2}\pi \operatorname{cotang}\frac{m\pi}{n} - \log n + \cos\frac{2m\pi}{n}\cdot\log\left(2 - 2\cos\frac{2\pi}{n}\right)$$
$$+ \cos\frac{4m\pi}{n}\cdot\log\left(2 - 2\cos\frac{4\pi}{n}\right) + \cdots + \cos\frac{(n-2)m\pi}{n}\cdot\log\left(2 - 2\cos\frac{(n-2)\pi}{n}\right)$$
$$\pm \log 2$$

wo das obere Vorzeichen für gerade m, das untere für ungerade m gilt. So findet man z. B.

$$\Psi\left(-\frac{1}{4}\right) = \Psi 0 + \frac{1}{2}\pi - 3\log 2, \qquad \Psi\left(-\frac{3}{4}\right) = \Psi 0 - \frac{1}{2}\pi - 3\log 2$$
$$\Psi\left(-\frac{1}{3}\right) = \Psi 0 + \frac{1}{2}\pi\sqrt{\frac{1}{3}} - \frac{3}{2}\log 3, \quad \Psi\left(-\frac{2}{3}\right) = \Psi 0 - \frac{1}{2}\pi\sqrt{\frac{1}{3}} - \frac{3}{2}\log 3$$

Verbindet man übrigens diese Gleichungen mit Gleichung 64, so ergiebt sich ohne Weiteres, dass sich Ψz allgemein für *jeden beliebigen*, positiven oder negativen, *rationalen Wert* von z durch $\Psi 0$ und Logarithmen bestimmen lässt, welcher Satz in der That höchst merkwürdig ist.

34.

Da nach Art. 28 $\Pi\lambda$ der Wert des Integrals $\int y^\lambda e^{-y} dy$ von $y = 0$ bis $y = \infty$ ist, wenn $\lambda + 1$ positiv ist, so wird, wenn wir nach λ differentiiren,

$$\frac{d\Pi\lambda}{d\lambda} = \frac{d\int y^\lambda e^{-y} dy}{d\lambda} = \int y^\lambda e^{-\lambda} \log y\, dy$$

oder

[76]
$$\Pi\lambda . \Psi\lambda = \int y^\lambda e^{-y} \log y . dy, \text{ von } y = 0 \text{ bis } y = \infty$$

Allgemeiner wird, wenn wir $y = z^\alpha$, $\alpha\lambda + \alpha - 1 = \beta$ setzen, der Wert des Integrals $\int z^\beta e^{-z^\alpha} \log z\, dz$ von $z = 0$ bis $z = \infty$

$$= \frac{1}{\alpha\alpha}\Pi\left(\frac{\beta+1}{\alpha} - 1\right)\cdot\Psi\left(\frac{\beta+1}{\alpha} - 1\right) = \frac{1}{\alpha(\beta+1)}\Pi\frac{\beta+1}{\alpha}\cdot\Psi\frac{\beta+1}{\alpha} - \frac{1}{(\beta+1)^2}\Pi\frac{\beta+1}{\alpha}$$

wenn $\beta + 1$ und α gleichzeitig positiv sind, und gleich derselben Grösse mit entgegengesetztem Vorzeichen, wenn $\beta + 1$ und α beide negativ sind.

35.

Aber nicht nur das Product $\Pi\lambda.\Psi\lambda$, sondern auch die Function $\Psi\lambda$ selbst lässt sich durch ein bestimmtes Integral darstellen. Bezeichnet k eine positive ganze Zahl, so ist klar, dass der Wert des Integrals $\int\frac{x^\lambda - x^{\lambda+k}}{1-x}\cdot dx$, von $x=0$ bis $x=1$,

$$=\frac{1}{\lambda+1}+\frac{1}{\lambda+2}+\frac{1}{\lambda+3}+\cdots+\frac{1}{\lambda+k}$$

ist. Da ferner der Wert des Integrals $\int\left(\frac{1}{1-x}-\frac{kx^{k-1}}{1-x^k}\right)dx$ allgemein $=\text{Const.}+\log\frac{1-x^k}{1-x}$ ist, so wird derselbe zwischen den Grenzen $x=0$ und $x=1$ gleich $\log k$ sein, woraus hervorgeht, dass der Wert des Integrals $S=\int\left(\frac{1-x^\lambda+x^{\lambda+k}}{1-x}-\frac{kx^{k-1}}{1-x^k}\right)dx$ zwischen denselben Grenzen

$$=\log k-\frac{1}{\lambda+1}-\frac{1}{\lambda+2}-\frac{1}{\lambda+3}-\cdots-\frac{1}{\lambda+k}$$

ist, welchen Ausdruck wir mit Ω bezeichnen wollen. Zerlegen wir das Integral S in zwei Teile

$$\int\left(\frac{1-x^\lambda}{1-x}\right)dx+\int\left(\frac{x^{\lambda+k}}{1-x}-\frac{kx^{k-1}}{1-x^k}\right)dx$$

Der erste Teil $\int\frac{1-x^\lambda}{1-x}\cdot dx$ verwandelt sich, wenn wir $x=y^k$ setzen, in

$$\int\frac{ky^{k-1}-ky^{\lambda k+k-1}}{1-y^k}\,dy$$

woraus ohne Weiteres klar ist, dass der Wert desselben von $x=0$ bis $x=1$ gleich ist dem Werte des Integrals

$$\int\frac{kx^{k-1}-kx^{\lambda k+k-1}}{1-x^k}\,dx$$

zwischen denselben Grenzen, da man offenbar den Buchstaben y unter dieser Beschränkung in x verwandeln darf. Hiernach wird das Integral S, zwischen denselben Grenzen,

$$=\int\left(\frac{x^{\lambda+k}}{1-x}-\frac{kx^{\lambda k+k-1}}{1-x^k}\right)dx$$

Dies Integral geht aber, wenn wir $x^k = z$ setzen, über in

$$\int \left(\frac{z^{\frac{\lambda+1}{k}}}{k\left(1 - z^{\frac{1}{k}}\right)} - \frac{z^\lambda}{1-z} \right) dz$$

und dieses ist mithin, zwischen den Grenzen $z = 0$ und $z = 1$ genommen, gleich Ω. Wenn nun aber k ins Unendliche wächst, hat Ω die Grenze $\Psi\lambda$, $\frac{\lambda+1}{k}$ die Grenze 0, $k(1 - z^{\frac{1}{k}})$ aber hat die Grenze $\log\frac{1}{z}$ oder $-\log z$. Demnach haben wir

[77] $$\Psi\lambda = \int \left(\frac{1}{\log\frac{1}{z}} - \frac{z^\lambda}{1-z} \right) dz = \int \left(-\frac{1}{\log z} - \frac{z^\lambda}{1-z} \right) dz$$

von $z = 0$ bis $z = 1$.

36.

Die bestimmten Integrale, durch die oben die Functionen $\Pi\lambda$ und $\Pi\lambda.\Psi\lambda$ ausgedrückt sind, mussten auf solche Werte von λ beschränkt werden, dass $\lambda + 1$ positiv wird: diese Einschränkung entsprang aus der Beweisführung selbst, und in der That ist leicht zu sehen, dass jene Integrale für andere Werte von λ stets unendlich werden, obgleich die Functionen $\Pi\lambda$ und $\Pi\lambda.\Psi\lambda$ endlich bleiben können. Der Richtigkeit von Formel 77 muss sicherlich dieselbe Bedingung zu Grunde liegen, dass $\lambda + 1$ positiv sei (denn sonst wird das Integral sicher unendlich, wenn auch die Function $\Psi\lambda$ endlich bleibt): allein die Herleitung der Formel scheint auf den ersten Blick allgemeingültig und keiner Beschränkung unterworfen zu sein. Sieht man aber näher zu, so ergiebt sich leicht, dass in der Analysis selbst, durch die die Formel ermittelt wurde, diese Beschränkung bereits enthalten ist. Wir haben nämlich stillschweigend vorausgesetzt, dass das Integral $\int \frac{1 - x^\lambda}{1-x} dx$, wofür wir das ihm gleiche $\int \frac{kx^{k-1} - kx^{\lambda k + k - 1}}{1 - x^k} dx$ gesetzt haben, einen *endlichen* Wert besitze, und diese Bedingung erfordert, dass $\lambda + 1$ positiv sei. Aus unserer Analysis folgt nämlich, dass diese beiden Integrale immer dann einander gleich sind, wenn dieses von $x = 0$ bis $x = 1 - \omega$, jenes von $x = 0$ bis $x = (1 - \omega)^k$ erstreckt wird, wie klein ω auch sei, wenn es nur nicht $= 0$ ist: aber nichtsdestoweniger nähern sich in dem Falle, wo $\lambda + 1$ nicht positiv ist, die beiden Integrale, von $x = 0$ bis zu *derselben* Grenze $x = 1 - \omega$ erstreckt, keineswegs der Gleichheit, vielmehr wächst ihr Unterschied, während ω unbegrenzt abnimmt, ins Unendliche. Dies Beispiel zeigt, wie grosse Vorsicht bei der Behandlung von Infinitesimal-

Grössen geboten ist, die nach unserer Ansicht in analytischen Rechnungen nur insoweit zuzulassen sind, als sie sich auf die Theorie der Grenzen zurückführen lassen.

37.

Wird in Formel 77, $z = e^{-u}$ gesetzt, so ist klar, dass dieselbe sich auch so schreiben lässt

$$\Psi\lambda = -\int\left(\frac{e^{-u}}{u} - \frac{e^{-u\lambda-u}}{1-e^{-u}}\right)du, \text{ von } u=\infty \text{ bis } u=0, \text{ d. h.}$$

[78] $$\Psi\lambda = \int\left(\frac{e^{-u}}{u} - \frac{e^{-\lambda u}}{e^{u}-1}\right)du, \text{ von } u=0 \text{ bis } u=\infty.$$

(Ebenso verwandelt sich der im Art. 28 angeführte Wert von $\Pi\lambda$ durch die Substitution $e^{-y} = v$ in den folgenden

$$\Pi\lambda = \int\left(\log\frac{1}{v}\right)^{\lambda} dv, \text{ von } v=0 \text{ bis } v=1)$$

Ferner geht aus Formel 77 hervor, dass

[79] $$\Psi\lambda - \Psi\mu = \int\frac{z^{\mu}-z^{\lambda}}{1-z}dz, \text{ von } z=0 \text{ bis } z=1$$

wo ausser $\lambda+1$ auch $\mu+1$ positiv sein muss.

Wenn in derselben Formel 77 $z = u^{\alpha}$ gesetzt wird, wo α eine positive Grösse bezeichnet, so kommt

$$\Psi\lambda = \int\left(-\frac{u^{\alpha-1}}{\log u} - \frac{\alpha u^{\alpha\lambda+\alpha-1}}{1-u^{\alpha}}\right)du, \text{ von } u=0 \text{ bis } u=1$$

und da man für einen positiven Wert von β ebenso setzen kann

$$\Psi\lambda = \int\left(-\frac{u^{\beta-1}}{\log u} - \frac{\beta u^{\beta\lambda+\beta-1}}{1-u^{\beta}}\right)du$$

so wird offenbar

$$0 = \int\left(\frac{u^{\alpha-1}-u^{\beta-1}}{\log u} + \frac{\alpha u^{\alpha\lambda+\alpha-1}}{1-u^{\alpha}} - \frac{\beta u^{\beta\lambda+\beta-1}}{1-u^{\beta}}\right)du$$

oder

$$\int\frac{u^{\alpha-1}-u^{\beta-1}}{\log u}du = \int\left(\frac{\beta u^{\beta\lambda+\beta-1}}{1-u^{\beta}} - \frac{\alpha u^{\alpha\lambda+\alpha-1}}{1-u^{\alpha}}\right)du$$

wobei die Integrale sich immer von 0 bis 1 erstrecken. Wird nun $\lambda = 0$ gesetzt, so kann man das letztere Integral *unbestimmt* ausführen; es ist nämlich $= \log \frac{1-u^\alpha}{1-u^\beta}$, wenn es für $u=0$ verschwinden soll; da also, für $u=1$, $\frac{1-u^\alpha}{1-u^\beta} = \frac{\alpha}{\beta}$ zu setzen ist, so wird das Integral

$$\log\frac{\alpha}{\beta} = \int \frac{u^{\alpha-1} - u^{\beta-1}}{\log u}\, du, \text{ von } u=0 \text{ bis } u=1$$

welcher Satz ehedem von *Euler* durch andere Methoden aufgefunden wurde.

z	$\log \Pi z$	Ψz
0.00	0.0000000000 0000000000	— 0.5772156649 01532861
0.01	9.9975287306 5869172624	0.5608854578 68674498
0.02	9.9951278719 8879034144	0.5447893104 56179789
0.03	9.9927964208 8883589748	0.5289210872 85430502
0.04	9.9905334004 0842900595	0.5132748789 16830312
0.05	9.9883378587 9012046216	0.4978449912 99870371
0.06	9.9862088685 5581945437	0.4826259358 14825705
0.07	9.9841455256 3523567773	0.4676124198 67553632
0.08	9.9821469485 3403172902	0.4527993380 01712885
0.09	9.9802122775 3951136603	0.4381817634 95334764
0.10	9.9783406739 6180754713	0.4237549404 11076796
0.11	9.9765313194 0866250820	0.4095142760 71694248
0.12	9.9747834150 9201128963	0.3954553339 34292807
0.13	9.9730961811 6469083029	0.3815738268 38792064
0.14	9.9714688560 8569966779	0.3678656106 07749546
0.15	9.9699006960 1252903489	0.3543266779 76279272
0.16	9.9683909742 1917527943	0.3409531528 32261794
0.17	9.9669389805 3852656982	0.3277412847 48392299
0.18	9.9655440208 2789424567	0.3146874437 88860621
0.19	9.9642054164 5653136262	0.3017881155 74610030
0.20	9.9629225038 1404835193	0.2890398965 92188296
0.21	9.9616946338 3869862929	0.2764394897 32192051
0.22	9.9605211715 6456577252	0.2639837000 44220200
0.23	9.9594014956 8673884734	0.2516694306 96100107
0.24	9.9583349981 4361387302	0.2394936791 25936794
0.25	9.9573210837 1550754011	0.2274535333 76265408
0.26	9.9563591696 3881435774	0.2155461686 00265182
0.27	9.9554486852 3498063412	0.2037688437 30623157
0.28	9.9545890715 5360828076	0.1921188983 02221732
0.29	9.9537797810 2903856417	0.1805937494 20369178
0.30	9.9530202771 4980077695	0.1691908888 66799656
0.31	9.9523100341 4034352140	0.1579078803 36141874
0.32	9.9516485366 5449703876	0.1467423567 95996017
0.33	9.9510352794 8014390879	0.1356920179 64169332
0.34	9.9504697672 5460261315	0.1247546278 97003946
0.35	9.9499515141 9025401627	0.1139280126 83088296

z	$\log \Pi z$	Ψz
0.36	9.9494800438 0996487612	— 0.1032100582 36977615
0.37	9.9490548886 9188515282	0.0925987081 87861259
0.38	9.9486755902 2321722697	0.0820919618 58406487
0.39	9.9483416983 6257525751	0.0716878723 29281510
0.40	9.9480527714 1057187897	0.0613845445 85116146
0.41	9.9478083757 8828733374	0.0511801337 37897756
0.42	9.9476080858 2329302469	0.0410728433 24024375
0.43	9.9474514835 4291742066	0.0310609236 71447052
0.44	9.9473381584 7445730981	0.0211426703 33530475
0.45	9.9472677074 5205163055	0.0113164225 86445845
0.46	9.9472397344 2994856529	0.0015805619 87083418
0.47	9.9472538503 0190930853	+ 0.0080664890 11364893
0.48	9.9473096727 2650396072	0.0176262683 88849468
0.49	9.9474068259 5806639475	0.0271002758 35486201
0.50	9.9475449406 8308573196	0.0364899739 78576520
0.51	9.9477236538 6182228429	0.0457967895 61914496
0.52	9.9479426085 7494550351	0.0550221145 79551622
0.53	9.9482014538 7500065798	0.0641673073 66077154
0.54	9.9484998446 4251966174	0.0732336936 45365776
0.55	9.9488374414 4659973817	0.0822225675 39644344
0.56	9.9492139104 0978143536	0.0911351925 40635189
0.57	9.9496289230 7706494873	0.0999728024 44444623
0.58	9.9500821562 8891076887	0.1087366022 51781439
0.59	9.9505732920 5807738191	0.1174277690 35011042
0.60	9.9511020174 5015512544	0.1260474527 73476253
0.61	9.9516680244 6766136244	0.1345967771 58445210
0.62	9.9522710099 3756789859	0.1430768403 68980212
0.63	9.9529106754 0213704917	0.1514887158 19958383
0.64	9.9535867270 1294797674	0.1598334528 83415463
0.65	9.9542988754 2799988466	0.1681120775 84327804
0.66	9.9550468357 1178337730	0.1763255932 71894293
0.67	9.9558303272 3821579829	0.1844749812 67329607
0.68	9.9566490735 9634064632	0.1925612014 89132418
0.69	9.9575028024 9869525351	0.2005851930 56747012
0.70	9.9583912456 9225480685	0.2085478748 73493948

z	$\log \Pi z$	Ψz
0.71	9.9593141388 7186450668	+ 0.2164501461 89604789
0.72	9.9602712215 9607519880	0.2242928871 46157521
0.73	9.9612622372 0530119641	0.2320769593 00672792
0.74	9.9622869327 4222223320	0.2398032061 35096466
0.75	9.9633450588 7435456829	0.2474724535 46861164
0.76	9.9644363698 1871920339	0.2550855103 23688336
0.77	9.9655606232 6853798084	0.2626431686 02762795
0.78	9.9667175803 2189101417	0.2701462043 14883540
0.79	9.9679070054 1227146665	0.2775953776 14168016
0.80	9.9691286662 4097614416	0.2849914332 93861542
0.81	9.9703823337 1127271250	0.2923351011 88779580
0.82	9.9716677818 6428658993	0.2996270965 64887544
0.83	9.9729847878 1655271065	0.3068681204 96501033
0.84	9.9743331316 9917940601	0.3140588602 31568639
0.85	9.9757125965 9857361442	0.3211999895 45479708
0.86	9.9771229684 9867851092	0.3282921690 83820641
0.87	9.9785640362 2467644771	0.3353360466 94485409
0.88	9.9800355913 8811182162	0.3423322577 49528903
0.89	9.9815374283 3339013630	0.3492814254 57135499
0.90	9.9830693440 8561111078	0.3561841611 64059720
0.91	9.9846311382 9969520321	0.3630410646 48881123
0.92	9.9862226132 1076437381	0.3698527244 06401469
0.93	9.9878435735 8573930651	0.3766197179 23498793
0.94	9.9894938266 7611664682	0.3833426119 46740214
0.95	9.9911731821 7189109803	0.3900219627 42043086
0.96	9.9928814521 5658844947	0.3966583163 46662402
0.97	9.9946184510 6337679375	0.4032522088 13771306
0.98	9.9963839956 3222432515	0.4098041664 49890838
0.99	9.9981779048 6807320161	0.4163147060 45414956
1.00	0.0000000000 0000000000	0.4227843350 98467139

[Zweiter Teil.]

[Vierter Abschnitt.]

Bestimmung unserer Reihe durch eine Differentialgleichung zweiter Ordnung.

38.

Wird der Kürze wegen $F(\alpha, \beta, \gamma, x) = P$ gesetzt, so haben wir nach Art. 4

$$\frac{dP}{dx} = \frac{\alpha\beta}{\gamma} F(\alpha + 1, \beta + 1, \gamma + 1, x)$$

und hieraus durch nochmaliges Differentiiren

$$\frac{ddP}{dx^2} = \frac{\alpha\beta(\alpha + 1)(\beta + 1)}{\gamma(\gamma + 1)} F(\alpha + 2, \beta + 2, \gamma + 2, x)$$

Hiernach liefert Gleichung IX des Art. 10

[80] $$0 = \alpha\beta P - (\gamma - (\alpha + \beta + 1)x)\frac{dP}{dx} - (x - xx)\frac{ddP}{dx^2}$$

Diese Differentialgleichung zweiter Ordnung kann als genauere Definition unserer Function angesehen werden; da aber $P = F(\alpha, \beta, \gamma, x)$ kein vollständiges, sondern nur ein particuläres Integral ist (weil keine Constanten hinzugekommen sind), so muss die Bedingung hinzugefügt werden, dass P für $x = 0$ mit dem Wert 1 beginne, sowie dass für denselben Wert von x gleichzeitig $\frac{dP}{dx} = \frac{\alpha\beta}{\gamma}$ und $\frac{ddP}{dx^2} = \frac{\alpha\beta(\alpha + 1)(\beta + 1)}{\gamma(\gamma + 1)}$ angenommen werde.

Für jeden Wert von x, zu dem man von $x = 0$ stetig fortschreitend übergeht, doch so, dass man den Wert $x = 1$, für den $x - xx = 0$ ist, nicht berührt, ist also P eine vollkommen bestimmte Grösse; offenbar kann man aber *auf diesem Wege* zu positiven reellen Werten von x, grösser als die Einheit, nur gelangen, indem man den Uebergang durch imaginäre Werte macht, und da dies auf unzählig viele verschiedene Arten unbeschadet der Stetigkeit geschehen kann, so erhellt hieraus noch nicht, ob nicht demselben Werte von x mehrere, wenn nicht gar unendlich viele verschiedene Werte von P entsprechen, wie dies bei mehreren, besser bekannten, transscendenten Functionen wirklich der Fall ist. Von diesem Gegenstande aber behalten wir uns vor, späterhin weitläufiger zu reden, da an dieser Stelle hauptsächlich *der* Fall behandelt wird, wo x unterhalb oder wenigstens nicht oberhalb der positiven Einheit angenommen wird und P gleich der Summe der Reihe $F(\alpha, \beta, \gamma, x)$ ist.

39.

Schreibt man in Gleichung 80, $1 - y$ für x, so geht dieselbe über in diese

$$0 = \alpha\beta P - (\alpha + \beta + 1 - \gamma - (\alpha + \beta + 1)y)\frac{dP}{dy} - (y - yy)\frac{ddP}{dy^2}$$

welche dieselbe Form hat wie jene. Hieraus ergiebt sich sofort ein anderes particuläres Integral

$$P = F(\alpha, \beta, \alpha + \beta + 1 - \gamma, y) = F(\alpha, \beta, \alpha + \beta + 1 - \gamma, 1 - x)$$

woraus nach bekannten Principien als vollständiges Integral der Gleichung 80 folgt

$$[81] \qquad P = MF(\alpha, \beta, \gamma, x) + NF(\alpha, \beta, \alpha + \beta + 1 - \gamma, 1 - x)$$

wobei M und N willkürliche Constanten bezeichnen.

Uebrigens bemerken wir hier nebenbei, dass die allgemeinere Gleichung

$$0 = AP + (B + Cy)\frac{dP}{dy} + (D + Ey + Fyy)\frac{ddP}{dy^2}$$

sich leicht auf die Form von Gleichung 80 zurückführen lässt.

Denn seien die Wurzeln der Gleichung $0 = D + Ey + Fyy^2$ diese, $y = a$ und $y = b$, oder sei $D + Ey + Fy^2$ identisch gleich dem Product $F(y - a)(y - b)$ so ist, wenn man $\frac{y - a}{b - a} = x$ setzt und α, β, γ so bestimmt, dass

$$\alpha\beta = \frac{A}{F}, \quad \alpha + \beta + 1 = \frac{C}{F}, \quad \gamma = -\frac{B + aC}{F(b - a)}$$

wird, klar, dass jene Gleichung in 80 übergeht.

40.

Mit Hilfe der Differentialgleichung 80 lassen sich sehr viele höchst merkwürdige Sätze über unsere Reihe finden, zum Teil allgemeiner, zum Teil mehr specieller Art, auch zweifeln wir nicht, dass viele weitere und wichtigere noch verborgen und ferneren Bemühungen vorbehalten sind. Was uns bis jetzt zu entdecken gelang, wollen wir hier vorführen.

Setzen wir $P = (1-x)^{\mu} P'$, so ist

$$\frac{dP}{dx} = -\mu(1-x)^{\mu-1} P' + (1-x)^{\mu} \frac{dP'}{dx}$$

$$\frac{ddP}{dx^2} = \mu(\mu-1)(1-x)^{\mu-2} P' - 2\mu(1-x)^{\mu-1} \frac{dP'}{dx} + (1-x)^{\mu} \frac{ddP'}{dx^2}$$

Werden diese Werte in Gleichung 80 eingesetzt, so ergiebt sich, bei Division durch $(1-x)^{\mu-1}$,

$$0 = P'\{\alpha\beta(1-x) + (\gamma - (\alpha+\beta+1)x)\mu - x(\mu\mu - \mu)\}$$
$$-\frac{dP'}{dx}\{(\gamma - (\alpha+\beta+1)x) - 2\mu x\}(1-x) - \frac{ddP'}{dx^2}\{x - xx\}(1-x)$$

Wir wollen nun μ so bestimmen, dass der Multiplicator von P' durch $1-x$ teilbar wird, was geschieht, wenn entweder $\mu = 0$ oder $\mu = \gamma - \alpha - \beta$ gesetzt wird. Die erstere Annahme würde nichts Neues lehren, die Substitution des zweiten Wertes dagegen liefert

$$0 = P'\{\alpha\beta - \alpha\gamma - \beta\gamma + \gamma\gamma\} - \frac{dP'}{dx}\{\gamma - (2\gamma - \alpha - \beta + 1)x\}$$
$$- \frac{ddP'}{dx^2}\{x - xx\}$$

oder

$$0 = P'(\gamma-\alpha)(\gamma-\beta) - \frac{dP'}{dx}\{\gamma - ((\gamma-\alpha) + (\gamma-\beta) + 1)x\}$$
$$- \frac{ddP'}{dx^2}(x - xx)$$

welche Gleichung gerade dieselbe Form hat wie Gleichung 80. Da nun für $x = 0$ offenbar $P' = 1$ und $\frac{dP'}{dx} = \frac{\alpha\beta}{\gamma} + \mu = \frac{(\gamma-\alpha)(\gamma-\beta)}{\gamma}$ wird, so ist klar, dass ihr Integral $P' = F(\gamma-\alpha, \gamma-\beta, \gamma, x)$ ist, so dass man allgemein hat[12])

[82] $$F(\gamma-\alpha, \gamma-\beta, \gamma, x) = (1-x)^{\alpha+\beta-\gamma} F(\alpha, \beta, \gamma, x)$$

Hieraus ist die Umformung der Reihe

$$1+\frac{2.8}{9}x+\frac{3.8.10}{9.11}xx+\frac{4.8.10.12}{9.11.13}x^3+\cdots=F\left(2,\,4,\,\frac{9}{2},\,x\right)$$

in

$$(1-x)^{-\frac{3}{2}}\left(1+\frac{1.5}{2.9}x+\frac{1.3.5.7}{2.4.9.11}xx+\cdots\right)=(1-x)^{-\frac{3}{2}}F\left(\frac{5}{2},\,\frac{1}{2},\,\frac{9}{2},\,x\right)$$

zu entnehmen, die wir im Berliner astronomischen Jahrbuch 1814 p. 257 [Zusatz zu Art. 90 und 100 der Theoria motus] ohne Beweis angegeben haben.

41.

Wir setzen ferner $P=x^{\mu}P'$, so dass

$$\frac{dP}{dx}=\mu x^{\mu-1}P'+x^{\mu}\frac{dP'}{dx}$$

$$\frac{ddP}{dx^2}=(\mu\mu-\mu)x^{\mu-2}P'+2\mu x^{\mu-1}\frac{dP'}{dx}+x^{\mu}\frac{ddP'}{dx^2}$$

und die Substitution dieser Werte in 80 ergiebt, nach Division durch $x^{\mu-1}$,

$$\begin{aligned}0=P'\{&\alpha\beta x-(\gamma-(\alpha+\beta+1)x)\mu-(1-x)(\mu\mu-\mu)\}\\ &-\frac{dP'}{dx}\{\gamma-(\alpha+\beta+1)x+2\mu(1-x)\}x\\ &-\frac{ddP'}{dx^2}(xx-x^3)\end{aligned}$$

Der Multiplicator von x in dieser Formel wird durch x teilbar, wenn $\mu=0$ oder $\mu=1-\gamma$ gesetzt wird; der letztere Wert liefert

$$\begin{aligned}0=&P'(\alpha\beta+\alpha+\beta+1-2\gamma-\alpha\gamma-\beta\gamma+\gamma\gamma)\\ &-\frac{dP'}{dx}(2-\gamma-(\alpha+\beta+3-2\gamma)x)\\ &-\frac{ddP'}{dx^2}(x-xx).\end{aligned}$$

Beim Vergleich dieser Gleichung mit 80, deren Form ganz dieselbe ist, zeigt sich, dass, was dort P, α, β, γ war, hier P', $\alpha+1-\gamma$, $\beta+1-\gamma$, $2-\gamma$ ist: da wir aber das vollständige Integral jener Gleichung angegeben haben, so wird P' offenbar unter der Formel

$$\begin{aligned}P'=&MF(\alpha+1-\gamma,\,\beta+1-\gamma,\,2-\gamma,\,x)\\ &+NF(\alpha+1-\gamma,\,\beta+1-\gamma,\,\alpha+\beta+1-\gamma,\,1-x)\end{aligned}$$

enthalten sein, wobei M und N constante Grössen bedeuten, oder

[83] $$F(\alpha, \beta, \gamma, x) = Mx^{1-\gamma} F(\alpha+1-\gamma, \beta+1-\gamma, 2-\gamma, x) + Nx^{1-\gamma} F(\alpha+1-\gamma, \beta+1-\gamma, \alpha+\beta+1-\gamma, 1-x)$$

wo die Constanten M und N von den Elementen α, β, γ abhängen werden.

42.

Aus Gleichung 82 folgt

$$F(\alpha+1-\gamma, \beta+1-\gamma, 2-\gamma, x) = (1-x)^{\gamma-\alpha-\beta} F(1-\alpha, 1-\beta, 2-\gamma, x)$$
$$F(\alpha+1-\gamma, \beta+1-\gamma, \alpha+\beta+1-\gamma, 1-x) = x^{\gamma-1} F(\alpha, \beta, \alpha+\beta+1-\gamma, 1-x)$$

Hiernach wird Gleichung 83, wenn

$$\frac{1}{N} = f(\alpha, \beta, \gamma), \quad -\frac{M}{N} = g(\alpha, \beta, \gamma)$$

gesetzt wird,

$$\begin{aligned} F(\alpha, \beta, \alpha+\beta+1-\gamma, 1-x) &= f(\alpha, \beta, \gamma) F(\alpha, \beta, \gamma, x) \\ &+ g(\alpha, \beta, \gamma)(1-x)^{\gamma-\alpha-\beta} x^{1-\gamma} F(1-\alpha, 1-\beta, 2-\gamma, x). \end{aligned}$$

Derselben Gleichung kann man mit Hilfe der Formel 82 auch folgende Gestalt geben

$$\begin{aligned} x^{1-\gamma} F(\alpha+1-\gamma, \beta+1-\gamma, \alpha+\beta+1-\gamma, 1-x) = \\ f(\alpha, \beta, \gamma)(1-x)^{\gamma-\alpha-\beta} F(\gamma-\alpha, \gamma-\beta, \gamma, x) \\ + g(\alpha, \beta, \gamma) x^{1-\gamma} F(\alpha+1-\gamma, \beta+1-\gamma, 2-\gamma, x) \end{aligned}$$

oder wenn man durch $x^{1-\gamma}$ dividirt und α, β, γ bezw. in $\alpha+1-\gamma$, $\beta+1-\gamma$, $2-\gamma$ verwandelt,

$$\begin{aligned} F(\alpha, \beta, \alpha+\beta+1-\gamma, 1-x) \\ = g(\alpha+1-\gamma, \beta+1-\gamma, 2-\gamma) F(\alpha, \beta, \gamma, x) \\ + f(\alpha+1-\gamma, \beta+1-\gamma, 2-\gamma)(1-x)^{\gamma-\alpha-\beta} x^{1-\gamma} F(1-\alpha, 1-\beta, 2-\gamma, x) \end{aligned}$$

Da diese Formel mit der vorigen identisch sein muss, haben wir

$$g(\alpha, \beta, \gamma) = f(\alpha+1-\gamma, \beta+1-\gamma, 2-\gamma)$$

mithin

[84] $$\begin{aligned} F(\alpha, \beta, \alpha+\beta+1-\gamma, 1-x) \\ = f(\alpha, \beta, \gamma) F(\alpha, \beta, \gamma, x) \\ + f(\alpha+1-\gamma, \beta+1-\gamma, 2-\gamma)(1-x)^{\gamma-\alpha-\beta} x^{1-\gamma} F(1-\alpha, 1-\beta, 2-\gamma, x) \end{aligned}$$

43.

Um nun die Beschaffenheit der **Function** $f(\alpha, \beta, \gamma)$ zu **finden**, setzen wir $x = 0$. Dann ist klar, dass $F(\alpha, \beta, \gamma, x) = 1$ und $x^{1-\gamma} = 0$, so oft nämlich $1 - \gamma$ positiv ist. Nach Gleichung 48 haben wir aber

$$F(\alpha, \beta, \alpha+\beta+1-\gamma, 1) = \frac{\Pi(\alpha+\beta-\gamma)\,\Pi(-\gamma)}{\Pi(\alpha-\gamma)\,\Pi(\beta-\gamma)}$$

Somit ist unter derselben Einschränkung bewiesen, dass

[85] $$f(\alpha, \beta, \gamma) = \frac{\Pi(\alpha+\beta-\gamma)\,\Pi(-\gamma)}{\Pi(\alpha-\gamma)\,\Pi(\beta-\gamma)}$$

ist. Dass **diese** Formel aber **allgemein gilt**, zeigen wir **folgendermassen.**

Die Differentiation von Gleichung 84 liefert

$$\begin{aligned}
&-\frac{\alpha\beta}{\alpha+\beta+1-\gamma} F(\alpha+1, \beta+1, \alpha+\beta+2-\gamma, 1-x) \\
&= \frac{\alpha\beta}{\gamma} f(\alpha, \beta, \gamma)\, F(\alpha+1, \beta+1, \gamma+1, x) + f(\alpha+1-\gamma, \beta+1-\gamma, 2-\gamma) \\
&\quad (1-x)^{\gamma-\alpha-\beta-1} x^{-\gamma} \Big\{ \big((1-\gamma)(1-x) - (\gamma-\alpha-\beta)x\big) F(1-\alpha, 1-\beta, 2-\gamma, x) \\
&\qquad + \frac{(1-\alpha)(1-\beta)}{2-\gamma}(x-xx) F(2-\alpha, 2-\beta, 3-\gamma, x) \Big\}
\end{aligned}$$

Nach Art. 10 Formel IX ist aber, wenn α, β, γ in $-\alpha, -\beta, 1-\gamma$ verwandelt werden,

$$\begin{aligned}
(1-\gamma)(2-\gamma) F(-\alpha, -\beta, 1-\gamma, x) &= (2-\gamma)\big(1-\gamma+(\alpha+\beta-1)x\big) F(1-\alpha, 1-\beta, \\
&\quad 2-\gamma, x) + (1-\alpha)(1-\beta)(x-xx) F(2-\alpha, 2-\beta, 3-\gamma, x)
\end{aligned}$$

Hierdurch **geht** die vorige Gleichung in die folgende über

$$\begin{aligned}
&F(\alpha+1, \beta+1, \alpha+\beta+2-\gamma, 1-x) \\
&= -\frac{\alpha+\beta+1-\gamma}{\gamma} f(\alpha, \beta, \gamma)\, F(\alpha+1, \beta+1, \gamma+1, x) \\
&\quad - \frac{(\alpha+\beta+1-\gamma)(1-\gamma)}{\alpha\beta} f(\alpha+1-\gamma, \beta+1-\gamma, 2-\gamma)(1-x)^{\gamma-\alpha-\beta-1} x^{-\gamma} \\
&\qquad F(-\alpha, -\beta, 1-\gamma, x)
\end{aligned}$$

Verwandelt **man** aber in Gleichung 84, α, β, γ in $\alpha+1, \beta+1, \gamma+1$, so wird

$$\begin{aligned}
&F(\alpha+1, \beta+1, \alpha+\beta+2-\gamma, 1-x) \\
&= f(\alpha+1, \beta+1, \gamma+1)\, F(\alpha+1, \beta+1, \gamma+1, x) \\
&\quad + f(\alpha+1-\gamma, \beta+1-\gamma, 1-\gamma)(1-x)^{\gamma-\alpha-\beta-1} x^{-\gamma} F(-\alpha, -\beta, 1-\gamma, x)
\end{aligned}$$

Da nun diese beiden Gleichungen, wie leicht zu sehen, identisch sein müssen, so ist allgemein

$$f(\alpha+1,\ \beta+1,\ \gamma+1)=\frac{\alpha+\beta+1-\gamma}{-\gamma}f(\alpha,\ \beta,\ \gamma)$$

oder durch Verwandlung von α, β, γ in $\alpha-1$, $\beta-1$, $\gamma-1$,

$$\begin{aligned}f(\alpha,\ \beta,\ \gamma)&=\frac{\alpha+\beta-\gamma}{1-\gamma}f(\alpha-1,\ \beta-1,\ \gamma-1)\\&=\frac{\alpha+\beta-\gamma.\alpha+\beta-\gamma-1}{1-\gamma.2-\gamma}f(\alpha-2,\ \beta-2,\ \gamma-2)\end{aligned}$$

u. s. f., woraus leicht zu schliessen, dass allgemein, für jeden ganzzahligen Wert von k,

$$f(\alpha,\ \beta,\ \gamma)=\frac{\Pi(\alpha+\beta-\gamma)\,\Pi(-\gamma)}{\Pi(\alpha+\beta-\gamma-k)\,\Pi(k-\gamma)}\cdot f(\alpha-k,\ \beta-k,\ \gamma-k)$$

Nun haben wir aber gezeigt, dass, so oft $1-(\gamma-k)$ oder $k+1-\gamma$ positiv ist, (Formel 85)

$$f(\alpha-k,\ \beta-k,\ \gamma-k)=\frac{\Pi(\alpha+\beta-\gamma-k)\,\Pi(k-\gamma)}{\Pi(\alpha-\gamma)\,\Pi(\beta-\gamma)}$$

ist, und da k, was auch γ sein möge, stets so gross angenommen werden kann, dass $k+1-\gamma$ positiv ausfällt, so ist *allgemein*

$$f(\alpha,\ \beta,\ \gamma)=\frac{\Pi(\alpha+\beta-\gamma)\,\Pi(-\gamma)}{\Pi(\alpha-\gamma)\,\Pi(\beta-\gamma)}$$

und deswegen

$$f(\alpha+1-\gamma,\ \beta+1-\gamma,\ 2-\gamma)=\frac{\Pi(\alpha+\beta-\gamma)\,\Pi(\gamma-2)}{\Pi(\alpha-1)\,\Pi(\beta-1)}$$

so dass unsere Formel wird

[86]
$$\begin{aligned}&F(\alpha,\ \beta,\ \alpha+\beta+1-\gamma,\ 1-x)\\&=\frac{\Pi(\alpha+\beta-\gamma)\,\Pi(-\gamma)}{\Pi(\alpha-\gamma)\,\Pi(\beta-\gamma)}F(\alpha,\ \beta,\ \gamma,\ x)\\&+\frac{\Pi(\alpha+\beta-\gamma)\,\Pi(\gamma-2)}{\Pi(\alpha-1)\,\Pi(\beta-1)}x^{1-\gamma}(1-x)^{\gamma-\alpha-\beta}F(1-\alpha,1-\beta,2-\gamma,x)\end{aligned}$$

oder, wenn γ in $\alpha+\beta+1-\gamma$ verwandelt wird,

[87]
$$\begin{aligned}&F(\alpha,\ \beta,\ \gamma,\ 1-x)\\&=\frac{\Pi(\gamma-1)\,\Pi(\gamma-\alpha-\beta-1)}{\Pi(\gamma-\alpha-1)\,\Pi(\gamma-\beta-1)}F(\alpha,\ \beta,\ \alpha+\beta+1-\gamma,\ x)\\&+\frac{\Pi(\gamma-1)\,\Pi(\alpha+\beta-\gamma-1)}{\Pi(\alpha-1)\,\Pi(\beta-1)}x^{\gamma-\alpha-\beta}(1-x)^{1-\gamma}F(1-\alpha,1-\beta,\gamma+1-\alpha-\beta,x)\end{aligned}$$

Wenn man lieber will, kann man schreiben

in Formel 86

für $(1-x)^{\gamma-\alpha-\beta}F(1-\alpha,\ 1-\beta,\ 2-\gamma,\ x)\ldots\ldots F(\alpha+1-\gamma,\ \beta+1-\gamma,\ 2-\gamma,\ x)$

in Formel 87

für $(1-x)^{1-\gamma}F(1-\alpha, 1-\beta, \gamma+1-\alpha-\beta, x)\ldots\ldots F(\gamma-\alpha, \gamma-\beta, \gamma+1-\alpha-\beta, x)$

44.

So oft also in irgend einer, unter unserer Form enthaltenen Reihe dem vierten Element ein Wert zwischen 0,5 und 1 beigelegt wird, helfen die vorstehenden Formeln der langsamen Convergenz ab, da sie jene Reihe in zwei andere, ähnliche zerlegen, die um so rascher convergiren, je langsamer jene convergirte. Indessen sind die besonderen Fälle auszunehmen, wo diese Umformung nicht gelingt, so oft nämlich in der umzuformenden Reihe der Unterschied zwischen dem dritten Element und der Summe der beiden ersten Elemente eine ganze Zahl ist. Denn ist in Formel 86 $\gamma=0$ oder gleich einer negativen ganzen Zahl, so wird offenbar $F(\alpha, \beta, \gamma, x)$ eine sinnlose Reihe (Art. 2) und der Factor $\Pi(\gamma-2)$ unendlich; ist aber γ eine positive ganze Zahl, grösser als eins, so werden $F(1-\alpha, 1-\beta, 2-\gamma, x)$ und $F(\alpha+1-\gamma, \beta+1-\gamma, 2-\gamma, x)$ sinnlose Reihen und $\Pi(-\gamma)$ unendlich; ist endlich $\gamma=1$, so unterliegen die beiden transformirten Reihen $F(\alpha, \beta, \gamma, x)$ und $F(1-\alpha, 1-\beta, 2-\gamma, x)$ oder $F(\alpha+1-\gamma, \beta+1-\gamma$ $2-\gamma, x)$, welche also mit $F(\alpha, \beta, \gamma, x)$ übereinstimmend wird, zwar diesem Uebelstande nicht, allein die Umformung ist nichtsdestoweniger nutzlos, da beide transformirte Reihen mit dem unendlichen Coefficienten $\Pi(-1)$ multiplicirt sind. Es wird sich daher verlohnen zu zeigen, wie auch in diesen Fällen die langsame Convergenz in eine raschere verwandelt werden kann.

45.

Sei k eine positive ganze Zahl (oder auch $=0$) und bezeichnen wir die $k+1$ ersten Glieder der Reihe $F(\alpha, \beta, \gamma, x)$ mit X. Das nächstfolgende Glied ist dann

$$=\frac{\alpha.\alpha+1.\alpha+2\ldots.\alpha+k.\beta.\beta+1.\beta+2\ldots.\beta+k}{1\ .\ 2\ .\ 3\ \ldots.k+1.\gamma.\gamma+1.\gamma+2\ldots.\gamma+k}x^{k+1}$$

Dasselbe lässt sich auch so schreiben

$$\frac{\Pi(\gamma-1)}{\Pi(\alpha-1)\Pi(\beta-1)}\cdot\frac{\Pi(\alpha+k)\Pi(\beta+k)}{\Pi(k+1)\Pi(\gamma+k)}x^{k+1}$$

und ähnlich die folgenden Glieder. Hieraus ergiebt sich, dass sich

I. $$\frac{\Pi(\alpha+\beta-\gamma)\Pi(-\gamma)}{\Pi(\alpha-\gamma)\Pi(\beta-\gamma)}\cdot F(\alpha,\beta,\gamma,x)$$ ausdrücken lässt durch

$$\frac{\Pi(\alpha+\beta-\gamma)\Pi(-\gamma)}{\Pi(\alpha-\gamma)\Pi(\beta-\gamma)}\cdot X$$
$$+\frac{\Pi(\alpha+\beta-\gamma)\Pi(-\gamma)\Pi(\gamma-1)}{\Pi(\alpha-1)\Pi(\beta-1)\Pi(\alpha-\gamma)\Pi(\beta-\gamma)}\sum\left\{\frac{\Pi(\alpha+k+t)\Pi(\beta+k+t)}{\Pi(k+t+1)\Pi(\gamma+k+t)}x^{k+1+t}\right\}$$

wenn man für t alle Werte 0, 1, 2, 3 u. s. f. ins Unendliche gesetzt denkt.

Ebenso lässt sich $F(\alpha+1-\gamma,\ \beta+1-\gamma,\ 2-\gamma,\ x)$ ausdrücken durch

$$\frac{\Pi(1-\gamma)}{\Pi(\alpha-\gamma)\Pi(\beta-\gamma)}\sum\left\{\frac{\Pi(\alpha-\gamma+t)\Pi(\beta-\gamma+t)}{\Pi t\,\Pi(1-\gamma+t)}x^t\right\}$$

wo t ebenso wie vorher bestimmt ist, so dass also, da $\Pi(1-\gamma)=(1-\gamma)\Pi(-\gamma)$ und $\Pi(\gamma-1)=-(1-\gamma)\Pi(\gamma-2)$ ist, offenbar

II. $$\frac{\Pi(\alpha+\beta-\gamma)\Pi(\gamma-2)}{\Pi(\alpha-1)\Pi(\beta-1)}x^{1-\gamma}F(\alpha+1-\gamma,\ \beta+1-\gamma,\ 2-\gamma,\ x)$$
$$=-\frac{\Pi(\alpha+\beta-\gamma)\Pi(-\gamma)\Pi(\gamma-1)}{\Pi(\alpha-1)\Pi(\beta-1)\Pi(\alpha-\gamma)\Pi(\beta-\gamma)}\sum\left\{\frac{\Pi(\alpha-\gamma+t)\Pi(\beta-\gamma+t)}{\Pi t\,\Pi(1-\gamma+t)}x^{1+t-\gamma}\right\}$$

Hiernach lässt sich Formel 86 auch so schreiben:

$$F(\alpha,\ \beta,\ \alpha+\beta+1-\gamma,\ 1-x)$$
$$=\frac{\Pi(\alpha+\beta-\gamma)\Pi(-\gamma)}{\Pi(\alpha-\gamma)\Pi(\beta-\gamma)}X$$
$$+\frac{\Pi(\alpha+\beta-\gamma)\Pi(-\gamma)\Pi(\gamma-1)}{\Pi(\alpha-1)\Pi(\beta-1)\Pi(\alpha-\gamma)\Pi(\beta-\gamma)}\sum\left\{\frac{\Pi(\alpha+k+t)\Pi(\beta+k+t)}{\Pi(k+t+1)\Pi(\gamma+k+t)}x^{k+1+t}\right.$$
$$\left.-\frac{\Pi(\alpha-\gamma+t)\Pi(\beta-\gamma+t)}{\Pi(t-\gamma+1)\Pi t}x^{1+t-\gamma}\right\}$$

Dieser Ausdruck zeigt sogleich, dass die einzelnen Differenzen unter dem Zeichen Σ gleich 0 werden, wenn $\gamma=-k$ angenommen wird, allein da alsdann gleichzeitig $\Pi(\gamma-1)$ unendlich gross wird, so kann offenbar das Product endlich sein. Um den Wert desselben durch endliche Grössen auszudrücken, setzen wir zunächst $\gamma+k=\omega$, so dass

$$\Pi(\gamma-1).\gamma.(\gamma+1)(\gamma+2)\ldots.(\gamma+k-1)\omega=\Pi\omega$$

oder

$$\Pi(\gamma-1)=\frac{\Pi\omega}{\omega(\omega-1)(\omega-2)\ldots.(\omega-k)}$$

wird. In der Hauptsache kommt es also darauf hinaus, zuzusehen, was aus

$$\frac{1}{\omega}\left\{\frac{\Pi(\alpha-\gamma+t+\omega)\Pi(\beta-\gamma+t+\omega)}{\Pi(t-\gamma+1+\omega)\Pi(t+\omega)}x^{1+t-\gamma+\omega}-\frac{\Pi(\alpha-\gamma+t)\Pi(\beta-\gamma+t)}{\Pi(t-\gamma+1)\Pi t}x^{1+t-\gamma}\right\}$$

wird, wenn ω unendlich abnimmt. Nach bekannten Principien geht aber hieraus

$$-\frac{dU}{d\gamma}$$

hervor, wenn wir der Kürze wegen

$$\frac{\Pi(\alpha-\gamma+t)\Pi(\beta-\gamma+t)}{\Pi(t-\gamma+1)\Pi(t-k-\gamma)}x^{1+t-\gamma}=U$$

setzen und nur γ als veränderlich ansehen.[13]) Hiernach ist nun

$$\frac{dU}{Ud\gamma}=-\Psi(\alpha-\gamma+t)-\Psi(\beta-\gamma+t)+\Psi(t-\gamma+1)+\Psi(t-k-\gamma)-\log x$$

mithin ergiebt sich, für $\gamma=-k$,

[88] $F(\alpha, \beta, \alpha+\beta+1+k, 1-x)$

$$=\frac{\Pi(\alpha+\beta+k)\Pi k}{\Pi(\alpha+k)\Pi(\beta+k)}X$$
$$+\frac{\Pi(\alpha+\beta+k)\Pi k}{\Pi(\alpha-1)\Pi(\beta-1)\Pi(\alpha+k)\Pi(\beta+k)(-1)(-2)\ldots(-k)}\sum\Big\{(\log x+\Psi(\alpha+t+k)$$
$$+\Psi(\beta+t+k)-\Psi(t+k+1)-\Psi t)\frac{\Pi(\alpha+t+k)\Pi(\beta+t+k)}{\Pi(t+k+1)\Pi t}x^{1+t+k}\Big\}$$
$$=\frac{\Pi(\alpha+\beta+k)\Pi k}{\Pi(\alpha+k)\Pi(\beta+k)}X\pm\frac{\Pi(\alpha+\beta+k)x^{1+k}}{\Pi(\alpha-1)\Pi(\beta-1)\Pi(k+1)}Y$$

wo[14])

$$Y=\{\log x+\Psi(\alpha+k)+\Psi(\beta+k)-\Psi(k+1)-\Psi(0)\}F(\alpha+k+1, \beta+k+1, k+2, x)$$
$$+A\frac{\alpha+k+1.\beta+k+1}{1\;.\;k+2}x$$
$$+(A+B)\frac{\alpha+k+1.\alpha+k+2.\beta+k+1.\beta+k+2}{1\;.\;2\;.\;k+2\;.\;k+3}xx$$
$$+(A+B+C)\frac{\alpha+k+1.\alpha+k+2.\alpha+k+3.\beta+k+1.\beta+k+2.\beta+k+3}{1\;.\;2\;.\;3\;.\;k+2\;.\;k+3\;.\;k+4}x^3$$
$$+\cdots$$

und

$$A = \frac{1}{\alpha + k + 1} + \frac{1}{\beta + k + 1} - \frac{1}{k + 2} - 1$$

$$B = \frac{1}{\alpha + k + 2} + \frac{1}{\beta + k + 2} - \frac{1}{k + 3} - \frac{1}{2}$$

$$C = \frac{1}{\alpha + k + 3} + \frac{1}{\beta + k + 3} - \frac{1}{k + 4} - \frac{1}{3}$$

u. s. f.

und wobei das obere oder untere Vorzeichen zu nehmen ist, je nachdem k eine gerade oder ungerade Zahl ist.

46.

Auf diese Weise wird also $F(\alpha, \beta, \alpha + \beta + 1 - \gamma, 1 - x)$ umgeformt, wenn γ Null oder eine negative ganze Zahl ist. Den Fall $\gamma = +1$ können wir ganz ebenso behandeln oder auch kürzer in den vorstehenden Rechnungen $k = -1$ setzen, wodurch X ganz verschwindet und wir erhalten

[89] $$F(\alpha, \beta, \alpha + \beta, 1 - x)$$
$$= -\frac{\Pi(\alpha+\beta-1)}{\Pi(\alpha-1)\,\Pi(\beta-1)}\left\{\log x + \Psi(\alpha-1) + \Psi(\beta-1) - 2\Psi 0\right\} F(\alpha, \beta, 1, x)$$
$$-\frac{\Pi(\alpha + \beta - 1)}{\Pi(\alpha - 1)\Pi(\beta - 1)}\left\{A\,\frac{\alpha.\beta}{1.1}x\right.$$
$$+ (A + B)\,\frac{\alpha.\alpha + 1.\beta.\beta + 1}{1\,.\,2\,.\,1\,.\,2}xx$$
$$+ (A + B + C)\,\frac{\alpha.\alpha + 1.\alpha + 2.\beta.\beta + 1.\beta + 2}{1\,.\,2\,.\,3\,.\,1\,.\,2\,.\,3}x^3$$
$$\left. + \cdots\right\}$$

wobei

$$A = \frac{1}{\alpha} + \frac{1}{\beta} - 2,\quad B = \frac{1}{\alpha + 1} + \frac{1}{\beta + 1} - \frac{2}{2},\quad C = \frac{1}{\alpha + 2} + \frac{1}{\beta + 2} - \frac{2}{3},\ \cdots$$

So erhalten wir beispielsweise für $\alpha = \frac{1}{2}$, $\beta = \frac{1}{2}$ (vgl. Form. 52 u. 71)

[90] $$F\left(\frac{1}{2}, \frac{1}{2}, 1, 1 - x\right)$$
$$= -\frac{1}{\pi}\log\frac{1}{16}x.F\left(\frac{1}{2}, \frac{1}{2}, 1, x\right)$$
$$-\frac{1}{\pi}\left\{2\cdot\frac{1.1}{2.2}x + \left(2 + \frac{1}{3}\right)\frac{1.1.3.3}{2.2.4.4}xx + \left(2 + \frac{1}{3} + \frac{2}{15}\right)\frac{1.1.3.3.5.5}{2.2.4.4.6.6}x^3\right.$$
$$\left. + \left(2 + \frac{4}{3.4} + \frac{4}{5.6} + \frac{4}{7.8}\right)\frac{1.1.3.3.5.5.7.7}{2.2.4.4.6.6.8.8}x^4 + \cdots\right\}$$
$$= -\frac{1}{\pi}\left\{\log\frac{1}{16}x\,F\left(\frac{1}{2}, \frac{1}{2}, 1, x\right) + \frac{1}{2}x + \frac{21}{64}xx + \frac{185}{768}x^3 + \frac{18655}{98304}x^4\right.$$
$$\left. + \frac{102501}{655360}x^5 + \frac{1394239}{10485760}x^6 + \cdots\right\}$$

Der dritte Fall endlich, wo γ eine positive ganze Zahl, grösser als eins, ist, braucht nicht besonders behandelt zu werden, da

$$F(\alpha, \beta, \alpha+\beta+1-\gamma, 1-x)=x^{1-\gamma}F(\alpha+1-\gamma, \beta+1-\gamma, \alpha+\beta+1-\gamma, 1-x)$$

ist und die Transformation der Reihe $F(\alpha+1-\gamma, \beta+1-\gamma, \alpha+\beta+1-\gamma, 1-x)$ für $\gamma > 1$ ohne Weiteres auf den ersten Fall zurückkommt.

47.

Wir gehen zu anderen Transformationen über, unter denen die Substitution $x=\frac{y}{y-1}$ die erste Stelle erhalten soll. Ihr zufolge wird $dx=-\frac{dy}{(y-1)^2}$, somit

$$\frac{dP}{dx}=-\frac{dP}{dy}(1-y)^2, \text{ und durch weiteres Differentiiren}$$

$$d\frac{dP}{dx}=-(1-y)^2 d\frac{dP}{dy}+2(1-y)dP, \text{ sowie}$$

$$\frac{ddP}{dx^2}=+(1-y)^4\frac{ddP}{dy^2}-2(1-y)^3\frac{dP}{dy}$$

Durch Einsetzung dieser Werte geht Gleichung 80 über in

$$0=\alpha\beta P+(1-y)(\gamma+(\alpha+\beta-1-\gamma)y)\frac{dP}{dy}+(1-y)(y-yy)\frac{ddP}{dy^2}$$

Um nun eine ebensolche Gleichung wie 80 zu erhalten, setzen wir $P=(1-y)^\mu P'$, woraus

$$\frac{dP}{dy}=-\mu(1-y)^{\mu-1}P'+(1-y)^\mu\frac{dP'}{dy}$$

$$\frac{ddP}{dy^2}=(\mu\mu-\mu)(1-y)^{\mu-2}P'-2\mu(1-y)^{\mu-1}\frac{dP'}{dy}+(1-y)^\mu\frac{ddP'}{dy^2}$$

Wird dies eingesetzt, so kommt nach Division durch $(1-y)^\mu$

$$\begin{aligned}0=P'\{\alpha\beta-\mu(\gamma+(\alpha+\beta-1-\gamma)y)+y(\mu\mu-\mu)\}\\+\frac{dP'}{dy}\{\gamma+(\alpha+\beta-1-\gamma)y-2\mu y\}(1-y)\\+\frac{ddP'}{dy^2}\{y-yy\}(1-y)\end{aligned}$$

Wir wollen μ so bestimmen, dass der Multiplicator von P' durch $1-y$ teilbar wird, was eintritt, wenn wir $\mu=\alpha$ oder $\mu=\beta$ setzen. Der erstere Wert verwandelt die vorstehende Gleichung in folgende

$$0=\alpha(\beta-\gamma)P'+(\gamma-(\gamma+\alpha+1-\beta)y)\frac{dP'}{dy}+(y-yy)\frac{ddP'}{dy^2}$$

oder

$$0=\alpha(\gamma-\beta)P'-(\gamma-(\gamma-\beta+\alpha+1)y)\frac{dP'}{dy}-(y-yy)\frac{ddP'}{dy^2}$$

welcher so zu genügen ist, dass für $y=0$, $P'=1$ und $\frac{dP'}{dy}=\frac{\alpha(\gamma-\beta)}{\gamma}$ wird. Hieraus folgt aber $P'=F(\alpha, \gamma-\beta, \gamma, y)$, so dass man hat

$$[91]\quad F(\alpha, \beta, \gamma, x)=(1-y)^{\alpha}F(\alpha, \gamma-\beta, \gamma, y) = (1-x)^{-\alpha}F\left(\alpha, \gamma-\beta, \gamma, -\frac{x}{1-x}\right)$$

Hätten wir für μ den anderen Wert β genommen, so würde sich ganz ebenso ergeben haben

$$[92]\quad F(\alpha, \beta, \gamma, x)=(1-x)^{-\beta}F\left(\beta, \gamma-\alpha, \gamma, -\frac{x}{1-x}\right)$$

welche Formel auch aus der vorigen durch blosse Vertauschung der Elemente α und β von selbst folgt. Mit Hilfe der eben gefundenen Formel werden die Werte unserer Reihen für negative Werte des vierten Elements stets auf die Werte solcher Reihen für positive, zwischen 0 und 1 liegende Werte des vierten Elementes zurückgeführt, da man hat

$$F(\alpha, \beta, \gamma, -x)=(1+x)^{-\alpha}F\left(\alpha, \gamma-\beta, \gamma, \frac{x}{1+x}\right)$$

48.

Es verlohnt sich zu zeigen, wie mit Hilfe der Transformationen 82 und 91 sämmtliche im Art. 5 zusammengestellte Formeln sehr leicht allein aus dem binomischen Lehrsatze abgeleitet werden können. Zunächst folgen daraus nämlich die Formeln I—V. Hieraus folgen ohne Weiteres die Formeln VI—X, wenn e^x als Grenzwert der Potenz $\left(1+\frac{x}{i}\right)^i$ oder $\left(1-\frac{x}{i}\right)^{-i}$, und $\log x$ als Grenze von $i(x^{\frac{1}{i}}-1)$, für unendlich wachsendes i, angesehen wird. Aus

$$\cos n\varphi+\sqrt{-1}.\sin n\varphi=(\cos\varphi+\sqrt{-1}.\sin\varphi)^n$$
$$\cos n\varphi-\sqrt{-1}.\sin n\varphi=(\cos\varphi-\sqrt{-1}.\sin\varphi)^n$$

folgt weiter durch Subtraction und Addition Formel XVIII und XXII, und hieraus durch Formel 82 sofort XIX und XXIII; aus diesen werden wieder durch Formel 91, XVI, XVII, XX und XXI abgeleitet. Wird t für nt und n unendlich gross gesetzt, so folgen XI und XII aus XVI und XX; setzen wir dagegen n unendlich klein, so folgen XIII—XV aus XVI—XVIII.[15])

49.

Aus der Substitution $x=\frac{1}{y}$ geht ebenso hervor

$$\text{I.}\qquad 0=\alpha\beta P-(\alpha+\beta-1-(\gamma-2)\,y)\,y\frac{dP}{dy}+(yy-y^3)\frac{ddP}{dy^2}$$

Setzt man nun $P=y^\mu P'$, so wird

$$\begin{aligned}0=P'&(\alpha\beta-\mu(\alpha+\beta-1)+\mu(\gamma-2)\,y+(\mu\mu-\mu)(1-y))\\ &-\frac{dP'}{dy}(\alpha+\beta-1-(\gamma-2)\,y-2\mu(1-y))\,y\\ &+(yy-y^3)\frac{ddP'}{dy^2}\end{aligned}$$

Damit der Multiplicator von P' durch y teilbar werde, ist entweder $\mu=\alpha$ oder $\mu=\beta$ zu setzen; der erstere Wert liefert

$$\text{II.}\quad 0=P'\alpha(\gamma-\alpha-1)-\frac{dP'}{dy}(\beta-\alpha-1-(\gamma-2\alpha-2)y)+(y-yy)\frac{ddP'}{dy^2}$$

wovon

$$P'=F(\alpha,\ \alpha+1-\gamma,\ \alpha+1-\beta,\ y)$$

ein *particuläres* Integral ist. Der Gleichung I wird also genügt durch das particuläre Integral

$$P=y^\alpha F(\alpha,\ \alpha+1-\gamma,\ \alpha+1-\beta,\ y)$$

und ebenso giebt der zweite Wert $\mu=\beta$ das zweite particuläre Integral

$$P=y^\beta F(\beta,\ \beta+1-\gamma,\ \beta+1-\alpha,\ y)$$

so dass man das vollständige Integral erhält

$$P=Ay^\alpha F(\alpha,\ \alpha+1-\gamma,\ \alpha+1-\beta,\ y)+By^\beta F(\beta,\ \beta+1-\gamma,\ \beta+1-\alpha,\ y)$$

wobei A und B Constanten bezeichnen, die aber nicht willkürlich, sondern völlig bestimmt sind, da P nicht das vollständige Integral der Gleichung 80, sondern nur ein particuläres ist. Damit jedoch die Bestimmung der

Constanten A und B uns nicht zu unnötigen Weitläufigkeiten führe, wollen wir dieselbe Gleichung auf anderem Wege mit Hilfe des schon vorher Ermittelten ableiten.

Setzt man in Gleichung 91 $-\frac{x}{1-x}=1-z$ und verwandelt man in Gleich. 86 β in $\gamma-\beta$, γ in $\alpha+1-\beta$ und x in z, so ergiebt sich

$$(1-x)^\alpha F(\alpha,\beta,\gamma,x)=\frac{\Pi(\gamma-1)\Pi(\beta-\alpha-1)}{\Pi(\gamma-\alpha-1)\Pi(\beta-1)}F(\alpha,\gamma-\beta,\alpha+1-\beta,z)$$
$$+\frac{\Pi(\gamma-1)\Pi(\alpha-\beta-1)}{\Pi(\alpha-1)\Pi(\gamma-\beta-1)}z^{\beta-\alpha}F(\beta,\gamma-\alpha,\beta+1-\alpha,z)$$

Nach Gleichung 91 und 92 ist aber

$$F(\alpha,\gamma-\beta,\alpha+1-\beta,z)=(1-z)^{-\alpha}F\left(\alpha,\alpha+1-\gamma,\alpha+1-\beta,-\frac{z}{1-z}\right)$$
$$F(\beta,\gamma-\alpha,\beta+1-\alpha,z)=(1-z)^{-\beta}F\left(\beta,\beta+1-\gamma,\beta+1-\alpha,-\frac{z}{1-z}\right)$$

Wird dies, sowie $z=\frac{1}{1-x}$, $1-z=-\frac{x}{1-x}$, $-\frac{z}{1-z}=\frac{1}{x}$ eingesetzt, so erhalten wir

$$[93]\quad F(\alpha,\beta,\gamma,x)=\frac{\Pi(\gamma-1)\Pi(\beta-\alpha-1)}{\Pi(\gamma-\alpha-1)\Pi(\beta-1)}(-x)^{-\alpha}F\left(\alpha,\alpha+1-\gamma,\alpha+1-\beta,\frac{1}{x}\right)$$
$$+\frac{\Pi(\gamma-1)\Pi(\alpha-\beta-1)}{\Pi(\alpha-1)\Pi(\gamma-\beta-1)}(-x)^{-\beta}F\left(\beta,\beta+1-\gamma,\beta+1-\alpha,\frac{1}{x}\right)$$

welche Gleichung mit der oben gefundenen übereinkommt, wenn

$$A=\frac{\Pi(\gamma-1)\Pi(\beta-\alpha-1)}{\Pi(\gamma-\alpha-1)\Pi(\beta-1)}(-1)^\alpha$$
$$B=\frac{\Pi(\gamma-1)\Pi(\alpha-\beta-1)}{\Pi(\alpha-1)\Pi(\gamma-\beta-1)}(-1)$$

gesetzt wird, wobei zu bemerken, dass

$$(-1)^\alpha=\cos\alpha k\pi+\sqrt{-1}\,.\sin\alpha k\pi$$
$$(-1)^\beta=\cos\beta k\pi+\sqrt{-1}\,.\sin\beta k\pi$$

ist, während k irgend eine ungerade ganze Zahl bedeutet.

50.

Durch Gleichung 93 wird der Wert unserer Function für Werte des vierten Elements, die grösser als eins sind, auf den Fall zurückgeführt, wo das vierte Element kleiner als eins ist. Zugleich erhellt, dass negativen Werten des vierten Elements, die grösser als eins sind, stets ein einziger reeller Wert der Function F entspricht, positiven dagegen nur dann ein reeller Wert der Function entsprechen kann, wenn α und β entweder ganzzahlig oder rationale Brüche mit ungeraden Nennern sind; in allen übrigen Fällen erhält $F(\alpha, \beta, \gamma, x)$ für einen positiven, die Einheit übersteigenden Wert von x nur imaginäre Werte.

51.

Die bisher entwickelten Beziehungen zwischen mehreren Functionen F waren sämmtlich linear: wir fügen eine weitere von anderer Art hinzu. Es sei

$$P = F(\alpha, \beta, \gamma, x)$$

$$Q = x^{1-\gamma} F(\alpha + 1 - \gamma, \beta + 1 - \gamma, 2 - \gamma, x)$$

$$R = F(\alpha, \beta, \alpha + \beta + 1 - \gamma, 1 - x)$$

u. z. so, dass P, Q, R drei particuläre Integrale der Gleichung 80 sind, es sei also

I. $$0 = \alpha\beta P - (\gamma - (\alpha + \beta + 1)x)\frac{dP}{dx} - (x - xx)\frac{ddP}{dx^2}$$

II. $$0 = \alpha\beta Q - (\gamma - (\alpha + \beta + 1)x)\frac{dQ}{dx} - (x - xx)\frac{ddQ}{dx^2}$$

III. $$0 = \alpha\beta R - (\gamma - (\alpha + \beta + 1)x)\frac{dR}{dx} - (x - xx)\frac{ddR}{dx^2}$$

Wird die erste Gleichung mit Q, die zweite mit P multiplicirt, so ergiebt sich durch Subtraction

$$0 = (\gamma - (\alpha + \beta + 1)x)\frac{QdP - PdQ}{dx} + (x - xx)\frac{QddP - PddQ}{dx^2}$$

Diese Gleichung wird aber durch Multiplication mit $x^{\gamma-1}(1-x)^{\alpha+\beta-\gamma}$ integrabel und liefert

[94] $$A = x^{\gamma}(1-x)^{\alpha+\beta+1-\gamma}\frac{QdP - PdQ}{dx}$$

Ganz ebenso hat man

[95] $$B = x^{\gamma}(1-x)^{\alpha+\beta+1-\gamma}\frac{RdQ - QdR}{dx}$$

[96] $$C = x^{\gamma}(1-x)^{\alpha+\beta+1-\gamma}\frac{RdP - PdR}{dx}$$

Die Constanten A, B, C lassen sich durch folgendes Verfahren leicht bestimmen.

Für $x=0$ wird $P=1$; ferner wird $x^{\gamma}Q = xF(\alpha+1-\gamma, \beta+1-\gamma, 2-\gamma, x) = 0$ für $x=0$; der Differentialquotient dieses Ausdrucks aber, nämlich $\gamma x^{\gamma-1}Q + x^{\gamma}\frac{dQ}{dx}$ wird $=1$; hieraus ergiebt sich $\frac{x^{\gamma}dQ}{dx} = 1-\gamma$ für $x=0$, mithin

$$A = \gamma - 1$$

Um aber auch B und C zu bestimmen, nehmen wir die Gleichung[16])

$$R = f(\alpha, \beta, \gamma)P + f(\alpha+1-\gamma, \beta+1-\gamma, 2-\gamma)Q$$

wieder auf, deren Differentiation ergiebt

$$\frac{dR}{dx} = f(\alpha, \beta, \gamma)\frac{dP}{dx} + f(\alpha+1-\gamma, \beta+1-\gamma, 2-\gamma)\frac{dQ}{dx}$$

Wird die erste mit $\frac{dQ}{dx}$, die zweite mit Q multiplicirt, so folgt durch Subtraction

$$\frac{QdR - RdQ}{dx} = f(\alpha, \beta, \gamma)\frac{QdP - PdQ}{dx} \text{ somit}$$

$$B = (1-\gamma)f(\alpha, \beta, \gamma) = \frac{\Pi(\alpha+\beta-\gamma)\,\Pi(1-\gamma)}{\Pi(\alpha-\gamma)\,\Pi(\beta-\gamma)}$$

Ebenso liefert die Subtraction, nachdem die erstere Gleichung mit $\frac{dP}{dx}$, die zweite mit P multiplicirt ist,

$$\frac{RdP - PdR}{dx} = f(\alpha+1-\gamma, \beta+1-\gamma, 2-\gamma)\frac{QdP - PdQ}{dx}$$

mithin

$$C = (\gamma-1)f(\alpha+1-\gamma, \beta+1-\gamma, 2-\gamma) = \frac{\Pi(\alpha+\beta-\gamma)\,\Pi(\gamma-1)}{\Pi(\alpha-1)\,\Pi(\beta-1)}$$

Wenn man lieber will, kann man die drei Gleichungen auch so darstellen, dass die abgeleiteten Functionen $\frac{dP}{dx}, \frac{dQ}{dx}, \frac{dR}{dx}$ durch endliche Functionen ausgedrückt werden; so wird z. B. Formel 96

[97] $$\frac{1}{\gamma} F(\alpha, \beta, \alpha+\beta+1-\gamma, 1-x) F(\alpha+1, \beta+1, \gamma+1, x)$$

$$+\frac{1}{\alpha+\beta+1-\gamma} F(\alpha+1, \beta+1, \alpha+\beta+2-\gamma, 1-x) F(\alpha, \beta, \gamma, x)$$

$$=\frac{\Pi(\alpha+\beta-\gamma)\Pi(\gamma-1)}{\Pi\alpha\Pi\beta} x^{-\gamma}(1-x)^{\gamma-\alpha-\beta-1}$$

52.

Wird die Function $F(-\alpha, -\beta, 1-\gamma, x)$ mit S bezeichnet, so ist

$$0=\alpha\beta S-(1-\gamma+(\alpha+\beta-1)x)\frac{dS}{dx}-(x-xx)\frac{ddS}{dx^2}$$

Durch Combination dieser Gleichung mit der I. des vor. Art. kommt

$$0=\alpha\beta\left(\frac{SdP+PdS}{dx}\right)-(1-2x)\frac{dP}{dx}\cdot\frac{dS}{dx}-(x-xx)\frac{dSddP+dPddS}{dx^3}$$

welche Gleichung integrabel ist und liefert

$$\text{Const.}=\alpha\beta PS-(x-xx)\frac{dP}{dx}\cdot\frac{dS}{dx}$$

Der Wert der Constante ergiebt sich aus $x=0$ ohne Weiteres $=\alpha\beta$. Zieht man die endliche Form vor, so hat man

[98] $$F(\alpha, \beta, \gamma, x) F(-\alpha, -\beta, 1-\gamma, x)$$

$$-\frac{\alpha\beta}{\gamma-\gamma\gamma}(x-xx) F(\alpha+1, \beta+1, \gamma+1, x) F(1-\alpha, 1-\beta, 2-\gamma, x)=1$$

Formt man hier die vier einzelnen Functionen nach Formel 82 um und schreibt dann $\gamma-\alpha$, $\gamma-\beta$ für α und β, so erhält man

[99] $$(1-x) F(\alpha, \beta, \gamma, x) F(1-\alpha, 1-\beta, 1-\gamma, x)$$

$$-\frac{\gamma-\alpha\,.\,\gamma-\beta}{\gamma-\gamma\gamma} x F(\alpha, \beta, \gamma+1, x) F(1-\alpha, 1-\beta, 2-\gamma, x)=1$$

Einige specielle Sätze.

53.

Alle Beziehungen, die wir bis jetzt entwickelt haben, sind insofern vollkommen allgemein, als die Elemente α, β, γ durch keine Bedingungen beschränkt sind. Ausserdem haben wir aber mehrere andere gefunden, die besondere Bedingungen für die Elemente α, β, γ voraussetzen: weit mehr jedoch sind ohne Zweifel noch verborgen, und selbst die hier mitzuteilenden wird man später vielleicht aus höheren Principien ableiten können.

Setzen wir zuerst in Gleichung 80, $x = \frac{4y}{(1+y)^2}$, also

$$dx = dy \cdot \frac{4(1-y)}{(1+y)^3}$$

mithin

$$\frac{dP}{dx} = \frac{dP}{dy} \cdot \frac{(1+y)^3}{4(1-y)}$$

$$\frac{ddP}{dx} = d\frac{dP}{dy} \cdot \frac{(1+y)^3}{4(1-y)} + \frac{dP}{dy} \cdot \frac{(2-y)(1+y)^2}{2(1-y)^2} dy$$

$$\frac{ddP}{dx^2} = \frac{ddP}{dy^2} \cdot \frac{(1+y)^6}{16(1-y)^2} + \frac{(2-y)(1+y)^5}{8(1-y)^3} \cdot \frac{dP}{dy}$$

Hierdurch wird jene Gleichung

$$\begin{aligned} 0 = {} & \alpha\beta P \\ & - (\gamma(1+y)^2 - 4(\alpha+\beta+1)y) \frac{1+y}{4(1-y)} \cdot \frac{dP}{dy} \\ & - \frac{ddP}{dy^2} \cdot \frac{y(1+y)^2}{4} - \frac{y(2-y)(1+y)}{2(1-y)} \cdot \frac{dP}{dy} \end{aligned}$$

oder

$$\begin{aligned} 0 = {} & 4\alpha\beta(1-y)P \\ & - (\gamma(1+y)^2 - 4(\alpha+\beta+1)y + 2y(2-y))(1+y) \frac{dP}{dy} \\ & - (y - yy)(1+y)^2 \frac{ddP}{dy^2} \end{aligned}$$

$$\begin{aligned} 0 = {} & 4\alpha\beta(1-y)P \\ & - (1+y)(\gamma - (4\alpha + 4\beta - 2\gamma)y + (\gamma - 2)yy) \frac{dP}{dy} \\ & - (1+y)^2 (y - yy) \frac{ddP}{dy^2} \end{aligned}$$

Wird $P=(1+y)^{2\alpha}Q$ gesetzt, so folgt hieraus

$$\text{I.}\qquad \begin{aligned}0&=2\alpha(2\beta-\gamma+(2\alpha+1-\gamma)y)Q\\&-(\gamma-(4\beta-2\gamma)y+(\gamma-4\alpha-2)yy)\frac{dQ}{dy}\\&-(y-yy)(1+y)\frac{ddQ}{dy^2}\end{aligned}$$

Unter der Voraussetzung $\beta=\alpha+\frac{1}{2}$ nimmt nun diese Gleichung folgende Gestalt an

$$\begin{aligned}0&=2\alpha(2\alpha+1-\gamma)Q\\&-(\gamma-(4\alpha+2-\gamma)y)\frac{dQ}{dy}\\&-(y-yy)\frac{ddQ}{dy^2}\end{aligned}$$

Das Integral derselben ist

$$Q=F(2\alpha,\ 2\alpha+1-\gamma,\ \gamma,\ y)$$

so dass sich ergiebt

$$[100]\quad (1+y)^{2\alpha}F(2\alpha,\ 2\alpha+1-\gamma,\ \gamma,\ y)=F\left(\alpha,\ \alpha+\frac{1}{2},\ \gamma,\ \frac{4y}{(1+y)^2}\right)$$

54.

Wenn wir statt der Beziehung $\beta=\alpha+\frac{1}{2}$ diese annehmen $\gamma=2\beta$, so wird Gleichung I des vor. Art.

$$\begin{aligned}0&=2\alpha(2\alpha+1-2\beta)yQ\\&-(2\beta-(4\alpha+2-2\beta)yy)\frac{dQ}{dy}\\&-y(1-yy)\frac{ddQ}{dy^2}\end{aligned}$$

Wird nun $yy=z$ gesetzt, so kommt

$$\frac{dQ}{dy}=2y\frac{dQ}{dz}$$

$$\frac{ddQ}{dy^2}=4yy\frac{ddQ}{dz^2}+\frac{2dQ}{dz},\ \text{somit}$$

$$\begin{aligned}0&=\alpha\left(\alpha+\frac{1}{2}-\beta\right)Q\\&-\left(\beta+\frac{1}{2}-\left(2\alpha+\frac{3}{2}-\beta\right)z\right)\frac{dQ}{dz}\\&-(z-zz)\frac{ddQ}{dz^2}\end{aligned}$$

und da das Integral hiervon

$$Q = F\left(\alpha,\ \alpha + \frac{1}{2} - \beta,\ \beta + \frac{1}{2},\ z\right)$$

ist, so haben wir

$$[101]\quad (1+y)^{2\alpha} F\left(\alpha,\ \alpha + \frac{1}{2} - \beta,\ \beta + \frac{1}{2},\ yy\right) = F\left(\alpha,\ \beta,\ 2\beta,\ \frac{4y}{(1+y)^2}\right)$$

55.

Wir setzen zweitens $x = 4y - 4yy$, also

$$dx = 4dy(1-2y)$$
$$\frac{dP}{dx} = \frac{dP}{dy} \cdot \frac{1}{4(1-2y)}$$
$$\frac{ddP}{dx^2} = \frac{ddP}{dy^2} \cdot \frac{1}{16(1-2y)^2} + \frac{dP}{dy} \cdot \frac{1}{8(1-2y)^3}$$

Hierdurch wird Gleichung 80

$$\begin{aligned} 0 &= 4\alpha\beta P \\ &- (\gamma - (4\alpha + 4\beta + 2)y + (4\alpha + 4\beta + 2)yy)\ \frac{1}{1-2y} \cdot \frac{dP}{dy} \\ &- (y - yy)\ \frac{ddP}{dy^2} \end{aligned}$$

Um im zweiten Gliede den Bruch beseitigen zu können, muss man setzen $\gamma = \alpha + \beta + \frac{1}{2}$, wodurch sich ergiebt

$$\begin{aligned} 0 &= 4\alpha\beta P \\ &- \left(\alpha + \beta + \frac{1}{2} - (2\alpha + 2\beta + 1)y\right)\frac{dP}{dy} \\ &- (y - yy)\ \frac{ddP}{dy^2} \end{aligned}$$

Das Integral hiervon ist

$$P = F\left(2\alpha,\ 2\beta,\ \alpha + \beta + \frac{1}{2},\ y\right)$$

so dass wir haben

$$[102]\quad F\left(\alpha,\ \beta,\ \alpha + \beta + \frac{1}{2},\ 4y - 4yy\right) = F\left(2\alpha,\ 2\beta,\ \alpha + \beta + \frac{1}{2},\ y\right)$$

Wollten wir in dieser Gleichung y in $1-y$ verwandeln, so würde daraus hervorgehen

$$F\left(\alpha,\ \beta,\ \alpha+\beta+\frac{1}{2},\ 4y-4yy\right)=F\left(2\alpha,\ 2\beta,\ \alpha+\beta+\frac{1}{2},\ 1-y\right)$$

woraus das Paradoxon zu folgen scheint

$$F\left(2\alpha,\ 2\beta,\ \alpha+\beta+\frac{1}{2},\ y\right)=F\left(2\alpha,\ 2\beta,\ \alpha+\beta+\frac{1}{2},\ 1-y\right)$$

welche Gleichung sicher falsch ist. Um dies aufzuklären, müssen wir uns erinnern, dass man zwischen den beiden Bedeutungen des Zeichens F wohl zu unterscheiden hat, je nachdem dasselbe nämlich *entweder* die Function darstellt, deren Beschaffenheit durch die Differentialgleichung 80 angegeben wird, *oder* aber nur die Summe der unendlichen Reihe. Die letztere stellt, so lange das vierte Element zwischen -1 und $+1$ liegt, stets eine völlig bestimmte Grösse dar, man darf aber diese Grenzen nicht überschreiten, da sonst jede Bedeutung aufhört. Die erstere Bezeichnung dagegen bedeutet eine allgemeine Function, die sich stets nach dem Gesetze der Stetigkeit ändert, wenn das vierte Element sich stetig fliessend ändert, man mag demselben nun reelle oder imaginäre Werte beilegen, wenn man nur die Werte 0 und 1 immer vermeidet. Hieraus erhellt, dass in letzterem Sinne die Function für gleiche Werte des vierten Elements (beim Uebergang oder besser Rückgang durch imaginäre Grössen) ungleiche Werte erlangen kann, von denen der, den die *Reihe* F darstellt, nur einer ist; es ist sonach durchaus kein Widerspruch, dass, während *ein* Wert der Function $F\left(\alpha,\ \beta,\ \alpha+\beta+\frac{1}{2},\ 4y-4yy\right)$ gleich $F\left(2\alpha,\ 2\beta,\ \alpha+\beta+\frac{1}{2},\ y\right)$ ist, ein ***anderer*** Wert $=F\left(2\alpha,\ 2\beta,\ \alpha+\beta+\frac{1}{2},\ 1-y\right)$ wird, und hieraus die Gleichheit dieser Werte zu schliessen, wäre ebenso ungereimt, als wenn man aus Arc. sin $\frac{1}{2}=30^\circ$ und Arc. sin $\frac{1}{2}=150^\circ$ schliessen wollte $30^\circ=150^\circ$. — Nehmen wir dagegen das Zeichen F in der weniger allgemeinen Bedeutung, nämlich so, dass es nur die Summe der Reihe F darstellt, so setzen die Rechnungen, durch die wir Gleichung 102 ermittelt haben, notwendig voraus, dass y vom Werte 0 an nur so weit wachse, bis $x=1$ wird, d. h. bis zu $y=\frac{1}{2}$. In eben diesem Punkte aber würde die *Stetigkeit* der Reihe $P=F\left(\alpha,\ \beta,\ \alpha+\beta+\frac{1}{2},\ 4y-4yy\right)$ unterbrochen werden, da offenbar $\frac{dP}{dy}$ von einem positiven (endlichen) Werte plötzlich auf einen negativen springt.[17]) In dieser Bedeutung ist also eine Ausdehnung der Gleichung 102 über die Grenzen $y=\frac{1}{2}-\sqrt{\frac{1}{2}}$ bis $y=\frac{1}{2}$ hinaus, nicht erlaubt. Wenn man lieber will, kann man dieselbe Gleichung auch so schreiben

[103] $$F\left(\alpha,\ \beta,\ \alpha+\beta+\frac{1}{2},\ x\right)=F\left(2\alpha,\ 2\beta,\ \alpha+\beta+\frac{1}{2},\ \frac{1-\sqrt{1-x}}{2}\right)$$

oder so

[104] $$F\left(\alpha,\ \beta,\ \alpha+\beta+\frac{1}{2},\ 1-x\right)=F\left(2\alpha,\ 2\beta,\ \alpha+\beta+\frac{1}{2},\ \frac{1-\sqrt{x}}{2}\right)$$

woraus als Zusatz folgt (Formel 48)

[105] $$F\left(2\alpha,\ 2\beta,\ \alpha+\beta+\frac{1}{2},\ \frac{1}{2}\right)=\frac{\Pi(\alpha+\beta-\frac{1}{2})\,\Pi(-\frac{1}{2})}{\Pi(\alpha-\frac{1}{2})\,\Pi(\beta-\frac{1}{2})}$$
$$=\frac{\Pi(\alpha+\beta-\frac{1}{2})\,\sqrt{\pi}}{\Pi(\alpha-\frac{1}{2})\,\Pi(\beta-\frac{1}{2})}$$

56.

Aus der Anwendung der Formel 87 auf Gleichung 104 folgt

[106] $$F\left(2\alpha,\ 2\beta,\ \alpha+\beta+\frac{1}{2},\ \frac{1-\sqrt{x}}{2}\right)$$
$$=AF\left(\alpha,\ \beta,\ \frac{1}{2},\ x\right)+B\sqrt{x}.F\left(\alpha+\frac{1}{2},\ \beta+\frac{1}{2},\ \frac{3}{2},\ x\right)$$

woraus erhellt, dass die Reihe

$$F\left(2\alpha,\ 2\beta,\ \alpha+\beta+\frac{1}{2},\ \frac{1-t}{2}\right)$$

dargestellt werden kann durch die Reihe

$$A+Bt+A\frac{\alpha.\beta}{1.\frac{1}{2}}\cdot tt+B\frac{\alpha+\frac{1}{2}.\beta+\frac{1}{2}}{1\ .\ \frac{3}{2}}t^3+A\frac{\alpha.\alpha+1.\beta.\beta+1}{1\ .\ 2\ .\ \frac{1}{2}\ .\ \frac{3}{2}}t^4+\cdots$$

wenn der Kürze wegen

$$A=\frac{\Pi(\alpha+\beta-\frac{1}{2})\,\Pi(-\frac{1}{2})}{\Pi(\alpha-\frac{1}{2})\,\Pi(\beta-\frac{1}{2})},\quad B=\frac{\Pi(\alpha+\beta-\frac{1}{2})\,\Pi(-\frac{3}{2})}{\Pi(\alpha-1)\,\Pi(\beta-1)}$$

gesetzt wird. Hieraus kann man schliessen, dass

[107] $$F\left(2\alpha, 2\beta, \alpha+\beta+\frac{1}{2}, \frac{1+\sqrt{x}}{2}\right) = AF\left(\alpha, \beta, \frac{1}{2}, x\right) - B\sqrt{x}\,.\,F\left(\alpha+\frac{1}{2}, \beta+\frac{1}{2}, \frac{3}{2}, x\right)$$

Sollte dieser Schluss nicht hinreichend statthaft erscheinen (obgleich derselbe unschwer ausser allen Zweifel gesetzt werden kann), so könnten wir auf folgende Weise zu derselben Gleichung gelangen. Nach Gleichung 87 ist

$$F\left(2\alpha, 2\beta, \alpha+\beta+\frac{1}{2}, \frac{1+\sqrt{x}}{2}\right) = CF\left(2\alpha, 2\beta, \alpha+\beta+\frac{1}{2}, \frac{1-\sqrt{x}}{2}\right) + D\left(\frac{1-x}{4}\right)^{\frac{1}{2}-\alpha-\beta} F\left(1-2\alpha, 1-2\beta, \frac{3}{2}-\alpha-\beta, \frac{1-\sqrt{x}}{2}\right)$$

wenn der Kürze halber

$$C = \frac{\Pi(\alpha+\beta-\frac{1}{2})\Pi(-\frac{1}{2}-\alpha-\beta)}{\Pi(\alpha-\beta-\frac{1}{2})\Pi(\beta-\alpha-\frac{1}{2})}, \quad D = \frac{\Pi(\alpha+\beta-\frac{1}{2})\Pi(\alpha+\beta-\frac{3}{2})}{\Pi(2\alpha-1)\Pi(2\beta-1)}$$

gesetzt wird. Aus Gleichung 104 ergiebt sich aber leicht

$$F\left(1-2\alpha, 1-2\beta, \frac{3}{2}-\alpha-\beta, \frac{1-\sqrt{x}}{2}\right) = F\left(\frac{1}{2}-\alpha, \frac{1}{2}-\beta, \frac{3}{2}-\alpha-\beta, 1-x\right)$$
$$= EF\left(\frac{1}{2}-\alpha, \frac{1}{2}-\beta, \frac{1}{2}, x\right) + G\sqrt{x}.F\left(1-\alpha, 1-\beta, \frac{3}{2}, x\right)$$

wenn der Kürze halber

$$E = \frac{\Pi(\frac{1}{2}-\alpha-\beta)\Pi(-\frac{1}{2})}{\Pi(-\alpha)\Pi(-\beta)}, \quad G = \frac{\Pi(\frac{1}{2}-\alpha-\beta)\Pi(-\frac{3}{2})}{\Pi(-\frac{1}{2}-\alpha)\Pi(-\frac{1}{2}-\beta)}$$

gesetzt wird. Hieraus folgt wiederum nach Gleichung 82

$$F\left(1-2\alpha, 1-2\beta, \frac{3}{2}-\alpha-\beta, \frac{1-\sqrt{x}}{2}\right)$$
$$= E(1-x)^{\alpha+\beta-\frac{1}{2}} F\left(\alpha, \beta, \frac{1}{2}, x\right)$$
$$+ G\sqrt{x}\,.\,(1-x)^{\alpha+\beta-\frac{1}{2}} F\left(\alpha+\frac{1}{2}, \beta+\frac{1}{2}, \frac{3}{2}, x\right)$$

Wird dies eingesetzt und

$$AC + DE\,2^{2\alpha+2\beta-1} = M,\quad BC + DG\,2^{2\alpha+2\beta-1} = N$$

geschrieben, so erhält man

$$F\left(2\alpha,\ 2\beta,\ \alpha+\beta+\frac{1}{2},\ \frac{1+\sqrt{x}}{2}\right) = MF\left(\alpha,\ \beta,\ \frac{1}{2},\ x\right)$$
$$+ N\sqrt{x}\,.\,F\left(\alpha+\frac{1}{2},\ \beta+\frac{1}{2},\ \frac{3}{2},\ x\right)$$

was in der *Form* mit Gleichung 107 übereinstimmt. Wir könnten nun zwar bloss aus der Natur der Function Π herleiten, dass $M = A$ und $N = -B$ ist, da sich mit Hilfe der Gleich. 55 und 56[18]) leicht zeigen lässt, dass

$$C = \frac{\cos(\alpha-\beta)\pi}{\cos(\alpha+\beta)\pi},$$
$$\frac{DE\,2^{2\alpha+2\beta-1}}{A} = -\frac{2\sin\alpha\pi\sin\beta\pi}{\cos(\alpha+\beta)\pi},\quad \frac{DG\,2^{2\alpha+2\beta-1}}{B} = -\frac{2\cos\alpha\pi\cos\beta\pi}{\cos(\alpha+\beta)\pi}$$

indessen ist diese Mühe nicht einmal erforderlich. Es ist nämlich klar, dass, wenn $x=0$ gesetzt wird,

$$M = F\left(2\alpha,\ 2\beta,\ \alpha+\beta+\frac{1}{2},\ \frac{1}{2}\right) = A,$$

werden muss; differentiirt man aber jene Gleichung, so kommt

$$x^{-\frac{1}{2}}\frac{\alpha\beta}{\alpha+\beta+\frac{1}{2}}F\left(2\alpha+1,\ 2\beta+1,\ \alpha+\beta+\frac{3}{2},\ \frac{1+\sqrt{x}}{2}\right)$$
$$= 2\alpha\beta MF\left(\alpha+1,\ \beta+1,\ \frac{3}{2},\ x\right)$$
$$+\frac{2}{3}\left(\alpha+\frac{1}{2}\right)\left(\beta+\frac{1}{2}\right)N\sqrt{x}\,.\,F\left(\alpha+\frac{3}{2},\ \beta+\frac{3}{2},\ \frac{5}{2},\ x\right)$$
$$+\frac{1}{2}Nx^{-\frac{1}{2}}F\left(\alpha+\frac{1}{2},\ \beta+\frac{1}{2},\ \frac{3}{2},\ x\right)$$

woraus, wenn man $x=0$ setzt, hervorgeht

$$N = \frac{2\alpha\beta}{\alpha+\beta+\frac{1}{2}}F\left(2\alpha+1,\ 2\beta+1,\ \alpha+\beta+\frac{3}{2},\ \frac{1}{2}\right)$$
$$= \frac{2\alpha\beta}{\alpha+\beta+\frac{1}{2}}\cdot\frac{\Pi(\alpha+\beta+\frac{1}{2})\Pi(-\frac{1}{2})}{\Pi\alpha\Pi\beta}$$
$$= -\frac{\Pi(\alpha+\beta-\frac{1}{2})\Pi(-\frac{3}{2})}{\Pi(\alpha-1)\Pi(\beta-1)} = -B$$

57.

Aus der Verbindung der Gleichungen 106 und 107 haben wir daher

[108] $$2AF\left(\alpha,\ \beta,\ \frac{1}{2},\ x\right)$$

$$=F\left(2\alpha,\ 2\beta,\ \alpha+\beta+\frac{1}{2},\ \frac{1-\sqrt{x}}{2}\right)+F\left(2\alpha,\ 2\beta,\ \alpha+\beta+\frac{1}{2},\ \frac{1+\sqrt{x}}{2}\right)$$

[109] $$2B\sqrt{x}\,.\,F\left(\alpha+\frac{1}{2},\ \beta+\frac{1}{2},\ \frac{3}{2},\ x\right)$$

$$=F\left(2\alpha,\ 2\beta,\ \alpha+\beta+\frac{1}{2},\ \frac{1-\sqrt{x}}{2}\right)-F\left(2\alpha,\ 2\beta,\ \alpha+\beta+\frac{1}{2},\ \frac{1+\sqrt{x}}{2}\right)$$

Verwandelt man in Gleichung 109 α in $\alpha-\frac{1}{2}$, β in $\beta-\frac{1}{2}$, so sieht man leicht, dass daraus hervorgeht[19])

[110] $$\frac{2\alpha-1\,.\,2\beta-1}{\alpha+\beta-\frac{1}{2}}A\sqrt{x}\,.\,F\left(\alpha,\ \beta,\ \frac{3}{2},\ x\right)$$

$$=F\left(2\alpha-1,\ 2\beta-1,\ \alpha+\beta-\frac{1}{2},\ \frac{1+\sqrt{x}}{2}\right)$$

$$-F\left(2\alpha-1,\ 2\beta-1,\ \alpha+\beta-\frac{1}{2},\ \frac{1-\sqrt{x}}{2}\right)$$

Anmerkungen.

1) *Art. 5*, No. XIII—XXIII. Es sei daran erinnert, dass in *Gauss'* Schreibweise $\sin t^n = (\sin t)^n$ ist.

2) S. 15. Für *contiguus* wurde, statt der von *Gauss* in der Anzeige S. 3 vorgeschlagenen Verdeutschung *verwandt*, das Wort *benachbart* darum gewählt, weil dasselbe auch in der Zahlentheorie bei den „benachbarten Formen" üblich ist. Herr *Kummer* gebrauchte in einer Vorlesung über die hypergeometrische[1]) Reihe den Ausdruck „angrenzend".

3) *Art. 12*, S. 21. Dass die Kettenbrüche im letzteren Falle convergiren, ist bei *Schlömilch*, *Algebraische Analysis*, § 70 bewiesen.

4) *Art. 14*, S. 23. Die a. a. O. auftretende hypergeometrische[1]) Reihe ist

$$X = \frac{4}{3}\left(1 + \frac{6}{5}x + \frac{6.8}{5.7}xx + \frac{6.8.10}{5.7.9}x^3 + \frac{6.8.10.12}{5.7.9.11}x^4 + \cdots\right)$$

oder als Kettenbruch

$$\cfrac{\frac{4}{3}}{1 - \cfrac{\frac{6}{5}x}{1 + \cfrac{\frac{2}{5.7}x}{Q}}}$$

wo Q den im Text angegebenen Kettenbruch bedeutet. Das Bildungsgesetz der Coefficienten von x ist dabei

$$\frac{(n+2)(n+5)}{(2n+1)(2n+3)}, \text{ wenn } n \text{ ungerade ist,}$$

und

$$\frac{(n-3)n}{(2n+1)(2n+3)}, \text{ wenn } n \text{ gerade ist.}$$

Die ferner im Text angeführte Gleichung für $x - \xi$ folgt unmittelbar aus der Definition von ξ durch die Beziehung

$$X = \frac{\frac{4}{3}}{1 - \frac{6}{5}(x - \xi)},$$

wenn für X der obige Kettenbruch gesetzt wird.

---

[1]) Vgl. Anmerkung 11.

5) *Art. 15*, S. 26. Die letzte Behauptung folgt unmittelbar aus der *Raabe*schen Convergenzbedingung

$$\lim_{n=\infty} n\left(1-\frac{u_{n+1}}{u_n}\right) > 1$$

(*Baumgartner* u. *v. Ettingshausen*, Zeitschr. für Physik u. Math., Bd. X, Wien 1832, § 11.) Vgl. im Uebrigen *Schlömilch*, Algebr. Analysis § 26. *Stern*, Desgl. § 67 ff., *Weierstrass*, Ueber die analytischen Facultäten (*Crelle Journ.* Bd. 51, Art. 5, V—VII.)

6) *Art. 22*, S. 34. Nach *Kramp* (Analyse des réfractions astronomiques et terrestres, à Leipsic 1799. 4⁰) ist

$$a^{b/c} = a(a+c)(a+2c)\ldots(a+\overline{b-1}c).$$

Vgl. *Klügel*, Math. Wörterbuch, Art. „*Facultät*, numerische". (II. 1805, S. 175 ff. und das Supplement von *Grunert* 1833—1836, II. 285—319.)

7) *Art. 25*, S. 37. Man bemerkt leicht, dass aus [54] durch Multiplication mit $1-z$ folgt

$$\Pi(1-z).\Pi z = \frac{(1-z)z\pi}{\sin z\pi},$$

wodurch die Berechnung von Πz für $z=\frac{1}{2}\ldots\ldots 1$ auf Πz für $z=0\ldots\ldots\frac{1}{2}$ zurückgeführt ist.

8) *Art. 26*, S. 38. Formel [57] ist, wegen $\Gamma z = \Pi(z-1)$ gleichbedeutend mit

$$\Gamma z\,\Gamma\left(z+\frac{1}{n}\right)\Gamma\left(z+\frac{2}{n}\right)\cdots\Gamma\left(z+\frac{n-1}{n}\right) = (2\pi)^{\frac{n-1}{2}}\, n^{\frac{1}{2}-na}\,\Gamma(na),$$

welche Gleichung zuerst von *Legendre* (Traité des fonctions elliptiques, II. 444) gegeben und ausser von *Cauchy* und *Crelle* auch von *Dirichlet* (Sur les intégrales Eulériennes. *Crelle Journ.* XV) bewiesen wurde.

9) *Art. 28*, S. 40. Nach Herrn *Scherings* Mitteilung (*Gauss'* Werke, III. 230) enthält *Gauss'* Handexemplar der *Disquisitiones* bei diesem Art. die Aufzeichnung:

„Die beste Definition von Π ist, dass $\Pi m = \int_{-\infty}^{+\infty} e^{(m+1)x} e^{-e^x}\,dx$."

10) *Art. 29*, S. 41. Hr. *Schering* teilt (a. a. O.) aus *Gauss'* Handexemplar noch folgende Umformung mit:

$$[58]\quad \log\Pi z = \left(z+\frac{1}{2}\right)\log z - z + \frac{1}{2}\log 2\pi + \frac{1}{6}\cdot\frac{1}{2}P + \frac{1}{8}\cdot\frac{2}{3}Q + \frac{1}{10}\cdot\frac{3}{4}R + \frac{1}{12}\cdot\frac{4}{5}S + \text{etc.},$$

die unmittelbar aus 61, 62 und 57 abgeleitet werden könne. Ferner finde sich in einem Notizbuche (nach dem Jahre 1847), mit Hilfe der *Euler*schen Form der Gleichung 58, der Wert von $\log\Pi(10+i)$ berechnet und daraus

$$\log\Pi i = 9{,}717\,3075 - 17^\circ\,16'\,57''\,693\,i$$
$$\Pi i = +0{,}498\,0156 - 0{,}154\,9496\,i.$$

11) *Art. 29*, S. 41. *Gauss* gebraucht hier den Ausdruck „hypergeometrische Reihe" für die Reihe der *Bernoulli*schen Zahlen wohl in dem Sinne, dass diese Reihe und andere von der im Texte beschriebenen Art schliesslich *stärker* divergiren, als jede wachsende *geometrische* Reihe. Man pflegt solche Reihen jetzt nach *Legendre* (Exercices de calcul intégral, I. 267) *halbconvergent* oder *semiconvergent* zu nennen, unter der *hypergeometrischen* Reihe aber die von *Gauss* mit $F(\alpha, \beta, \gamma, x)$ bezeichnete zu verstehen, bei der man die in den Coefficienten auftretenden Elemente auch wohl vermehrt, so dass man z. B. hat

$$F(\alpha, \beta, \gamma, \delta, x) = 1 + \frac{\alpha.\beta}{\gamma.\delta} x + \frac{\alpha.\alpha+1.\beta.\beta+1}{\gamma.\gamma+1.\delta.\delta+1} x^2 + \cdots$$

Man kann auch mit *Scheibner* (*Ueber unendliche Reihen und deren Convergenz*, Leipzig 1860. § 25) die hypergeometrische Reihe als solche Potenzreihe definiren, bei der der Quotient zweier aufeinanderfolgender Coefficienten sich auf die Form

$$\frac{c_{n+1}}{c_n} = \frac{n^\lambda + An^{\lambda-1} + Bn^{\lambda-2} + \cdots}{n^\lambda + an^{\lambda-1} + bn^{\lambda-2} + \cdots}$$

bringen lässt, also auf die Form, an die *Gauss* im *Art. 16* seine Convergenz-Untersuchung geknüpft hat.

Zuerst findet sich der Name in der 1655 erschienenen *Arithmetica infinitorum* von *Wallis* (Scholium zu Propos. 190. *Opera math.* I. Oxoniae 1695, S. 466. Vgl. auch *Dedicatio* S. 359.) Dort wird der *gleichmässigen* geometrischen Reihe (*progressio Geometrica aequabilis*), bei der jedes Glied aus dem vorhergehenden durch Multiplication mit *derselben* Zahl entsteht, die *hyper*geometrische Reihe gegenübergestellt, bei der die Multiplicatoren *ungleiche*, wachsende oder abnehmende, Zahlen sind. So ist die Reihe $1, \frac{3}{2}, \frac{15}{8}, \frac{35}{16} \cdots$ eine abnehmende hypergeometrische Reihe (*progr. Hyper-geometrica decrescens*), weil die Glieder

$$1, \quad 1.\frac{3}{2}, \quad 1\cdot\frac{3}{2}\cdot\frac{5}{4}, \quad 1\cdot\frac{3}{2}\cdot\frac{5}{4}\cdot\frac{7}{6}\cdots$$

durch Multiplication mit abnehmenden Factoren aus einander hervorgehen. Entsprechend dem Sachverhalt bei der geometrischen Reihe fasst *Wallis* jedes Glied seiner Reihen als *hypergeometrisches Mittel* zwischen dem vorhergehenden und dem folgenden Gliede auf. Der zwischen 1 und $^3/_2$ einzuschaltende Mittelwert giebt dann das Verhältnis der Kreisfläche zum umbeschriebenen Quadrat an und wird (*Prop. 191*) durch das nach *Wallis* benannte Product

$$\frac{3.3.5.5.7.7\ldots.}{2.4.4.6.6.8\ldots.},$$

sowie durch den *Brouncker*schen Kettenbruch — bekanntlich den ersten seiner Art —

$$\cfrac{1}{1+\cfrac{1}{2+\cfrac{9}{2+\cfrac{25}{2+\cfrac{49}{2+\cdots}}}}}$$

dargestellt. Als geschichtlich bemerkenswert sei noch erwähnt, dass *Wallis* für das hypergeometrische Mittel ein besonderes Operationszeichen einführt, welches — wie das Wurzelzeichen beim geometrischen Mittel — die nicht immer „in wirklichen Zahlen“ (*veris numeris*) ausführbare Rechnung andeuten soll. Diesem Symbol ist indessen das erhoffte Bürgerrecht in der Mathematik versagt geblieben.

Bei *Euler* (*De termino generali serierum hypergeometricarum.* Nova Acta Petrop. VII. 1776, pg. 42) lautet das $n$te Glied solcher Reihe, unter Bezugnahme auf *Wallis*,

$$a(a+1)(a+2)\ldots(a+\overline{n-1}b),$$

und ebenso definirt *Klügel* (*Math. Wörterbuch* II. 723). Indessen ist, wie wir gesehen haben, die *Wallis*sche Form schon allgemeiner.

12) *Art. 40*, S. 57. Formel [82] ist schon von *Euler* gegeben (Acta Petrop. XII.) Vgl. *Klügel* (*Grunert*) Math. Wörterbuch V. 373—375 „Umformung der Reihen“ Art. 24. 25, sowie *Kummer*, „Ueber die hypergeometrische Reihe $1+\frac{a.\beta}{1.\gamma}x+\ldots$“ *Crelle Journ.* Bd. 15. Gleichung 17 u. 18.

13) *Art. 45*, S. 64. Wird in

$$\lim_{\omega=0}\frac{1}{\omega}\left\{\frac{\Pi(\alpha-\gamma+t+\omega)\Pi(\beta-\gamma+t+\omega)}{\Pi(t-\gamma+1+\omega)\Pi(t+\omega)}x^{1+t-\gamma+\omega}\right.$$
$$\left.-\frac{\Pi(\alpha-\gamma+t)\Pi(\beta-\gamma+t)}{\Pi(t-\gamma+1)\Pi t}x^{1+t-\gamma}\right\}$$

der Subtrahendus gleich $V(t)$ gesetzt, so ist der gesuchte Grenzwert offenbar $\frac{dV}{dt}$, und dann

$$\left[\frac{dV}{Vdt}\right]_{\gamma=-k}=\Psi(\alpha+k+t)+\Psi(\beta+k+t)-\Psi(t+k+1)-\Psi t+\log x,$$

woraus sich der unter das Summenzeichen zu setzende Wert von $\frac{dV}{dt}$ ergiebt.

Gauss hat diesen Weg nicht eingeschlagen, sondern da es auf die Wertbestimmung des obigen Ausdrucks für einen gewissen Wert von $-\gamma$ ankommt, den Ausdruck lieber als Function von $-\gamma$ behandeln wollen; hierdurch war er genötigt, $-\gamma$ auch in die Factoren Πt und $\Pi(t+\omega)$ der Nenner einzuführen, was er durch Hinzufügung des für $\omega=0$ verschwindenden Gliedes $-k-\gamma$ bewirkte. Der Ausdruck wird so

$$\lim_{\omega=0}\frac{U(-\gamma+\omega)-U(-\gamma)}{\omega}=-\frac{dU(-\gamma)}{d(-\gamma)}=-\frac{dU}{d\gamma}.$$

14) *Art. 45*, S. 64. Es ist vielleicht nicht überflüssig, auf die von *Gauss* zur Berechnung von Y angewendete Reihen-Transformation hinzuweisen, die hier noch verborgener liegt, als die von *Abel* in der Abhandlung über die binomische Reihe gegebene [Beweis zum dritten der vorausgeschickten Sätze über Convergenz und Divergenz. *Crelle Journ.* Bd. 1. *Oeuvres I.*]. Man hat zunächst

$$Y=\sum_{t=0}^{\infty}u_t v_t,\quad \text{wo}$$

$$u_t=\log x+\Psi(\alpha+t+k)+\Psi(\beta+t+k)-\Psi(t+k+1)-\Psi t$$

$$v_t=\frac{\Pi(\alpha+t+k)\Pi(\beta+t+k)}{\Pi(\alpha+k)\Pi(\beta+k)}\,\frac{\Pi(k+1)}{\Pi(t+k+1)}\,\frac{x^t}{\Pi t}$$

Nun ist allgemein

$$u_0 v_0 + u_1 v_1 + u_2 v_2 + \cdots = u_0 (v_0 + v_1 + v_2 + \cdots)$$
$$+ (u_1 - u_0) v_1 + (u_2 - u_0) v_2 + (u_3 - u_0) v_3 + \cdots,$$

oder, wenn wir

$$u_1 - u_0 = A,\ u_2 - u_1 = B,\ u_3 - u_2 = C, \text{ u. s. w.}$$

setzen,

$$Y = u_0 \sum_0^\infty v_t + A v_1 + (A + B) v_2 + (A + B + C) v_3 + \cdots,$$

und dies liefert, mit Rücksicht auf den im Anschluss an I. in diesem Art. gefundenen Wert von $\sum v_t$, wenn dort k statt $-\gamma$ geschrieben wird, die *Gauss*sche Formel.

15) *Art. 48,* S. 68. „Der Art. 48“ bemerkt Herr *Schering (Gauss' Werke* III. 230) „ist hier so wiedergegeben, wie er nach vielfachen Durchstreichungen von Worten und ganzen Sätzen in der Handschrift gelesen werden mus ; nach Absicht des Verfassers dürften aber wohl noch die Worte „*e solo theoremate binomiali*“ fortzulassen sein.“ Die Tilgung dieser Worte in der Handschrift scheint hiernach zweifelhaft zu sein; wie bereits gelegentlich des Druckfehler-Verzeichnisses zu der *Gauss*schen Abhandlung (Ztschr. f. Math. u. Phys. a. a. O. S. 101) bemerkt, ist ein innerer Grund für die Fortlassung jener Worte nicht ersichtlich. Zu erwähnen ist noch, dass in beiden bis jetzt erschienenen Auflagen des 3. Bandes der *Gauss*schen Werke die im Anfang des Art. aufgeführten Formelgruppen I—IV und VI—IX lauten, so dass die Nummern V und X, die wir hier hinzugefügt haben, dort ganz fehlen.

16) *Art. 51,* S. 71. Aus Art. 42.

17) *Art. 55,* S. 77. Folgender Nachweis dieser Behauptung, bei dem eine gütige Mitteilung des Herrn Prof. *Hamburger* in Berlin mit Dank benutzt ist, dürfte nicht unangebracht sein.

Aus $P = F\left(\alpha, \beta, \alpha + \beta + \frac{1}{2}, 4y - 4y^2\right)$ folgt

$$\frac{dP}{dy} = \frac{4\alpha\beta}{\alpha + \beta + \frac{1}{2}} F\left(\alpha + 1, \beta + 1, \alpha + \beta + \frac{3}{2}, 4y - 4y^2\right)(1 - 2y).$$

Für $y = \frac{1}{2}$ erscheint das Product rechter Hand, abgesehen von dem constanten Factor, zunächst in der Form $\infty . 0$, da in der Reihe F das vierte Element $= 1$ wird und die Convergenzbedingung V des Art. 15, wonach die Summe der beiden ersten Elemente kleiner als das dritte sein müsste, nicht erfüllt ist. Um den wahren Wert des Products zu finden, schreiben wir es nach [82], mit Rücksicht auf

$$1 - 2y = (1 - (4y - 4y^2))^{(\alpha+1)+(\beta+1) - \left(\alpha + \beta + \frac{3}{2}\right)},$$

in der Form

$$F\left(\beta + \frac{1}{2}, \alpha + \frac{1}{2}, \alpha + \beta + \frac{3}{2}, 4y - 4y^2\right).$$

Diese Reihe convergirt auch noch für $y=\frac{1}{2}$ und hat in diesem Falle nach [48] den Wert $\frac{\Pi(\alpha+\beta+\frac{1}{2})\Pi(-\frac{1}{2})}{\Pi\alpha\Pi\beta}$, so dass

$$\left[\frac{dP}{dy}\right]_{y=\frac{1}{2}}=4\sqrt{\pi}\,\frac{\Pi(\alpha+\beta-\frac{1}{2})}{\Pi(\alpha-1)\,\Pi(\beta-1)},$$

also i. A. endlich und von Null verschieden wird. Dass aber $\frac{dP}{dy}$ an dieser Stelle das Vorzeichen wechselt, ergiebt sich leicht, wenn man in dem obigen Ausdruck des Differentialquotienten für y einmal $\frac{1}{2}-\varepsilon$, dann $\frac{1}{2}+\varepsilon$ setzt, wo ε eine beliebig kleine Grösse bedeutet. Die Reihe F hat in beiden Fällen das vierte Element $1-4\varepsilon^2$, convergirt also beidemal gegen dieselbe Summe, der Factor $1-2y=\pm 2\varepsilon$ dagegen wechselt das Vorzeichen, somit auch $\frac{dP}{dy}$ selbst.

18) *Art. 56*, S. 79. Auch Gleichung 57 scheint erforderlich zu sein.

19) *Art. 57*, S. 80. Formel [110]. In den *Werken* lautet der Zähler des Bruches linker Hand $\alpha-\frac{1}{2}\cdot\beta-\frac{1}{2}\cdot$ Die geänderte Formel ist u. a. leicht durch die Annahme $\alpha=\beta=1$, $x=\cos^2 t$, mit Rücksicht auf Art. 5, XIV als richtig zu bestätigen. Dass das Versehen unbemerkt blieb, erklärt sich einerseits daraus, dass *Gauss* den zweiten Teil seiner Untersuchungen noch nicht druckfertig gemacht hatte, während andererseits die Formel die letzte des ganzen Werkes ist, aus der weitere Schlüsse nicht gezogen wurden. Vgl. auch das schon angeführte „Verzeichniss von Druckfehlern u. s. w.“ Nr. 23.